W0384871

FiNALEonline.de

FiNALEonline.de ist die digitale Ergänzung zu deinem Arbeitsbuch. Hier findest du eine Vielzahl an Angeboten, die dich zusätzlich bei deiner Prüfungsvorbereitung in Mathematik unterstützen!

Das Plus für deine Prüfungsvorbereitung:

- über 50 Lernvideos mit Schritt-für-Schritt-Erklärungen
- Original-Prüfungsaufgaben mit Lösungen (bitte Code von S. 2 eingeben)
- Tipps zur Prüfungsvorbereitung, die das Lernen erleichtern

Online-Grundlagentraining

Du hast noch Lücken aus den vorherigen Schuljahren? Kein Problem! Das Online-Grundlagentraining auf FiNALEonline.de hilft dir dabei, wichtigen Lernstoff nachzuarbeiten und zu wiederholen.
Und so funktioniert es:

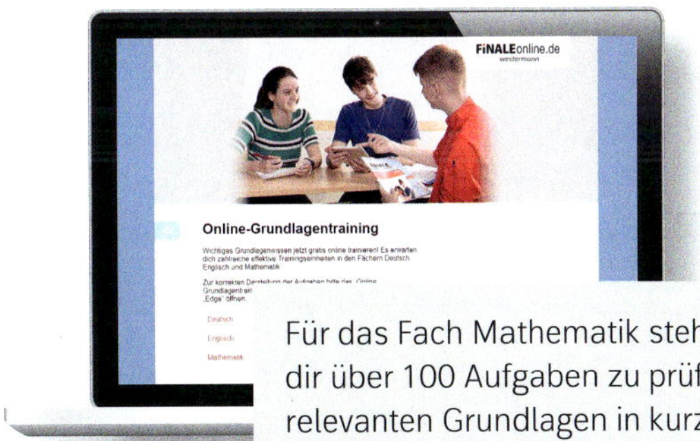

Für das Fach Mathematik stehen dir über 100 Aufgaben zu prüfungsrelevanten Grundlagen in kurzen Trainingseinheiten zur Verfügung.

Unser Tipp für Lehrerinnen und Lehrer:
Nutzen Sie unsere vielfältigen Arbeitsblätter auch für Ihren Unterricht.

Für Lehrerinnen und Lehrer:
Die Lehrerhandreichung für den optimalen Einsatz der Arbeitsbücher im Unterricht zum kostenlosen Download!

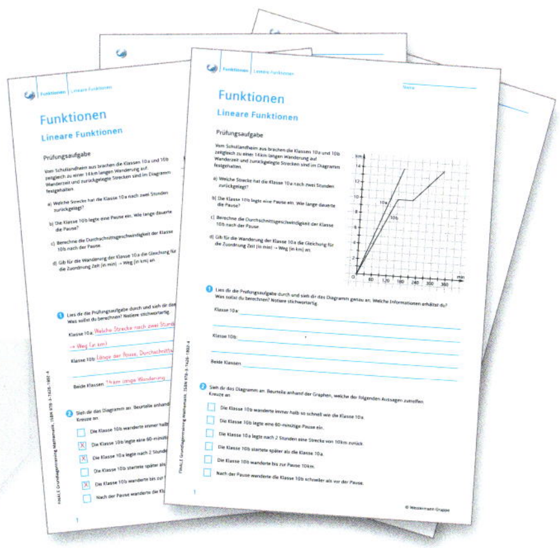

Du übst lieber auf Papier? Dann klicke auf „PDF“ und drucke dir die gewünschte Trainingseinheit einfach aus.

FiNALE Grundlagentraining Mathematik

Das FiNALE Grundlagentraining ist die ideale Ergänzung zu diesem Arbeitsbuch. Es bietet eine große Auswahl an Materialien, mit deren Hilfe du prüfungsrelevantes Grundlagenwissen auffrischen und aktiv trainieren kannst.

Folgende Inhalte werden in diesem Band behandelt:

- Arithmetik/Algebra, Funktionen, Geometrie, Stochastik
- die wichtigsten Begriffe und Symbole
- Größen, Umrechnungen und Zehnerpotenzen

Mit Formelsammlung und anschaulichen Lösungen

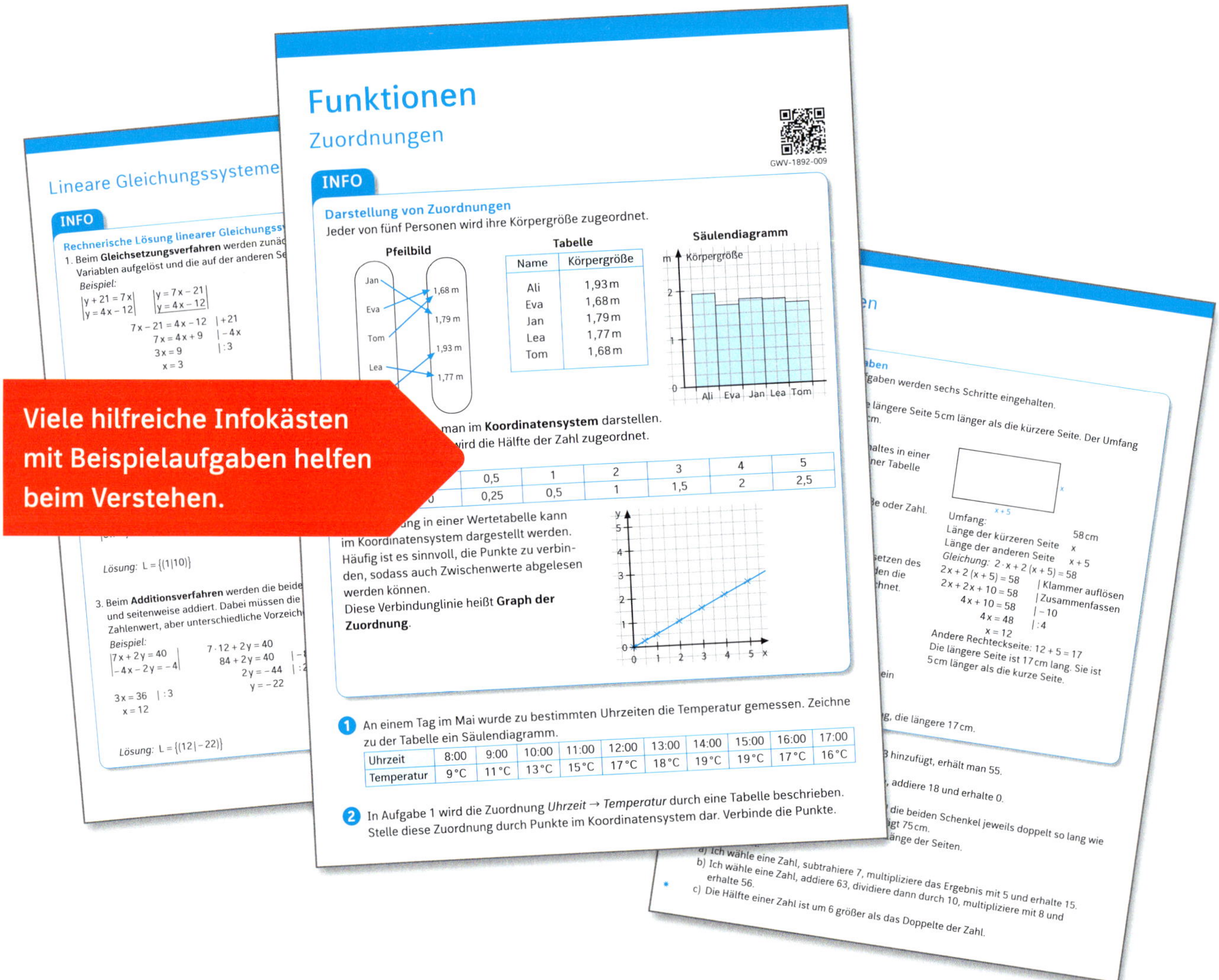

BESTELL-NR.	TITEL	PREIS
978-3-7426-1892-4	FiNALE Grundlagentraining Mathematik	13,95 €

FiNALE Grundlagentraining gibt es auch für die Fächer Deutsch und Englisch.

westermann

FINALE Prüfungstraining

Niedersachsen

Abschluss
10. Klasse Realschule
Mathematik

2023

Bernhard Humpert
Dr. Martina Lenze
Dr. Bernd Liebau
Ursula Schmidt
Peter Welzel

FiNALEonline.de

Liebe Schülerin, lieber Schüler,

sobald die Original-Prüfungsaufgaben zur Veröffentlichung freigegeben sind, können sie unter **www.finaleonline.de** zusammen mit ausführlichen Lösungen kostenlos heruntergeladen werden. Gib dazu einfach diesen Code ein:

MA7r5Tg

Einfach mal reinschauen: www.finaleonline.de

Bildquellennachweis
Arbeitsbuch:
|Alamy Stock Photo, Abingdon/Oxfordshire: Muller, Moritz 48.2; PA Images 48.3. |Griese, Dietmar, Laatzen: 3.1, 6.1, 6.2, 6.3, 7.2, 8.1, 9.1, 10.2, 36.1, 36.2, 37.1, 39.3. |Imago, Berlin: Hettrich, Arnulf 77.3. |Leiss, Prof. Dr. Dominik, Lüneburg: 51.2. |Lenze, Dr. Martina, Berlin: 44.1, 57.1, 59.1, 65.2, 87.1, 87.1. |Liebau, Dr. Bernd, Leipzig: 77.2. |Microsoft Deutschland GmbH, München: 7.1, 18.1, 18.2, 18.3, 40.1, 51.1, 76.1, 76.2, 76.3, 76.4, 80.1. |Miller, Carla, Dortmund: 6.4, 6.5, 6.6, 9.2, 10.1, 10.3, 17.1, 17.2, 17.3, 28.1, 28.2, 29.1, 29.2, 32.1, 32.2, 34.1, 34.2, 35.1, 38.1, 39.1, 39.2, 39.4, 39.5, 39.6, 43.1, 48.1, 50.1, 52.1, 52.2, 62.1, 67.1, 67.2, 67.3, 69.1, 69.2, 69.3, 69.4, 69.5, 69.6, 73.1, 73.2, 73.3, 79.1, 79.2, 85.1, 86.1, 101.1. |PantherMedia GmbH (panthermedia.net), München: Pötsch, Rolf 95.1. |Peter Wirtz Fotografie, Dormagen: Titel. |Picture-Alliance GmbH, Frankfurt a.M.: dpa 47.1, 47.2, 65.1; Godong 77.1; Hoermann, Frank/Simon, Sven 15.1. |Schmidt, Ursula, Kamen: 84.1. |stock.adobe.com, Dublin: piotrszczepanek 110.1.

Lösungsheft:
|Griese, Dietmar, Laatzen: 48.1, 48.2. |Microsoft Deutschland GmbH, München: 9.1.

westermann GRUPPE

© 2022 Georg Westermann Verlag GmbH, Georg-Westermann-Allee 66, 38104 Braunschweig
www.westermann.de

Das Werk und seine Teile sind urheberrechtlich geschützt. Jede Nutzung in anderen als den gesetzlich zugelassenen bzw. vertraglich zugestandenen Fällen bedarf der vorherigen schriftlichen Einwilligung des Verlages. Nähere Informationen zur vertraglich gestatteten Anzahl von Kopien finden Sie auf www.schulbuchkopie.de.

Für Verweise (Links) auf Internet-Adressen gilt folgender Haftungshinweis: Trotz sorgfältiger inhaltlicher Kontrolle wird die Haftung für die Inhalte der externen Seiten ausgeschlossen. Für den Inhalt dieser externen Seiten sind ausschließlich deren Betreiber verantwortlich. Sollten Sie daher auf kostenpflichtige, illegale oder anstößige Inhalte treffen, so bedauern wir dies ausdrücklich und bitten Sie, uns umgehend per E-Mail davon in Kenntnis zu setzen, damit beim Nachdruck der Verweis gelöscht wird.

Druck A[1] / Jahr 2022
Alle Drucke der Serie A sind im Unterricht parallel verwendbar.

Redaktion: Dr. Heike Bütow
Kontakt: finale@westermanngruppe.de
Layout: LIO Design GmbH, Braunschweig
Umschlaggestaltung: Gingco.Net, Braunschweig
Umschlagfoto: Peter Wirtz, Dormagen
Zeichnungen: Peter Langner; Illustrationen: Carla Miller
Druck und Bindung: Westermann Druck GmbH, Georg-Westermann-Allee 66, 38104 Braunschweig

ISBN 978-3-7426-**2328**-7

Aufgaben, die mit [Symbol: durchgestrichener Taschenrechner] gekennzeichnet sind, sollten ohne Taschenrechner bearbeitet werden.

So arbeitest du mit **FiNALE**

Liebe Schülerin, lieber Schüler!

Dieses **FiNALE-Arbeitsbuch** mit dem beiliegenden **Lösungsheft** hilft dir, dich selbstständig auf die Abschlussprüfung am Ende des Schuljahres 2022/23 vorzubereiten. Das Arbeitsbuch besteht aus drei Teilen.

- TEIL A – BASISAUFGABEN
- TEIL B – KOMPLEXE AUFGABEN
- TEIL C – PRÜFUNGSAUFGABEN

TEIL A – BASISAUFGABEN

Im **Eingangstest** kannst du testen, wie gut dein Grundwissen schon ist.

Die Aufgaben sind thematisch sortiert:
- Arithmetik/Algebra
- Funktionen
- Geometrie
- Daten und Zufall

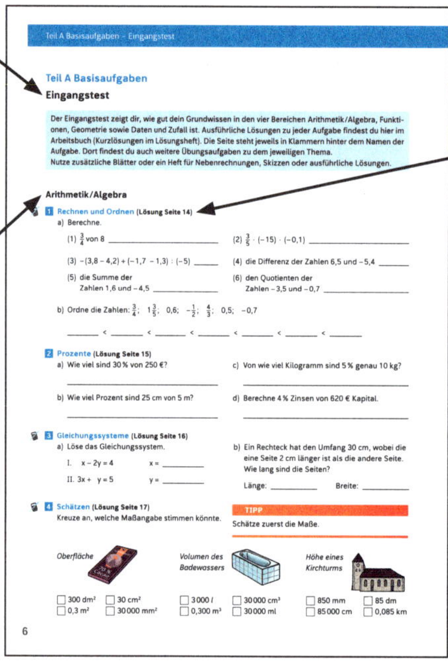

Jede Aufgabe hat eine Überschrift. Dahinter steht, wo du hier im Arbeitsbuch die **Lösung** zu dieser Aufgabe und weitere **Übungsaufgaben** findest.

Die **Selbsteinschätzung** hilft dir herauszufinden, wo du noch besonders üben musst.

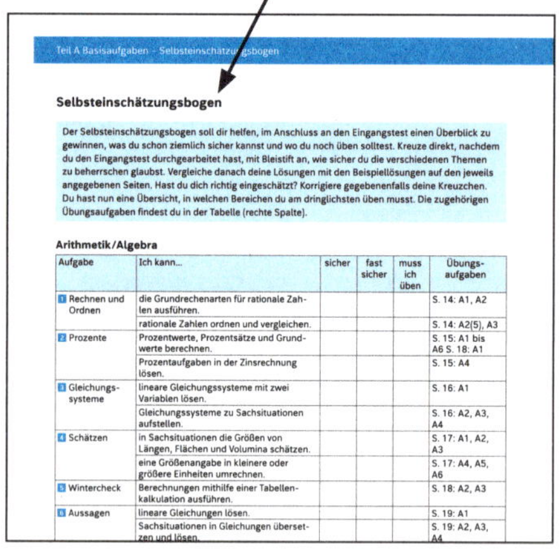

Der Link neben den Lösungen der Aufgaben aus dem Eingangstest führt zu einem **Video.** In dem Video wird dir die Lösung noch einmal Schritt für Schritt erklärt.

Die weiteren **Übungsaufgaben** sind ebenfalls thematisch sortiert.

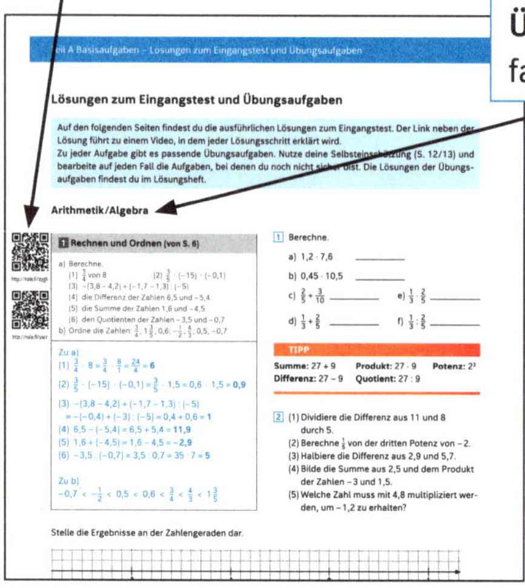

Der **Abschlusstest** soll dir zeigen, wie viel du bereits im Vergleich zum Einstiegstest gelernt hast.
Die Aufgaben sind hier nicht nach Themen sortiert.

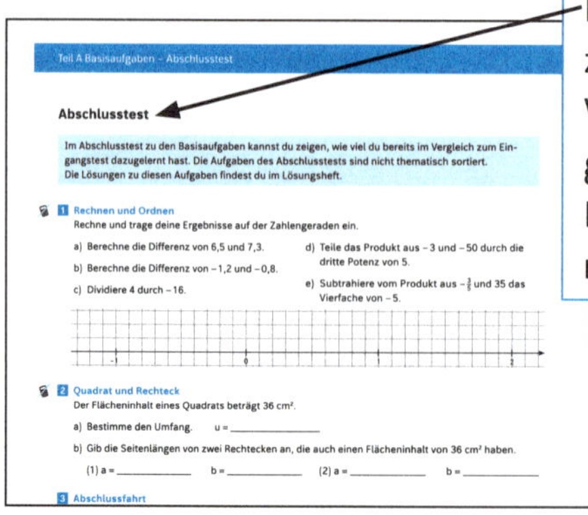

TEIL B – KOMPLEXE AUFGABEN

Die **komplexen Aufgaben** sind ein besonderes Training. Die Aufgaben sind, wie in der Prüfung, nicht thematisch sortiert.

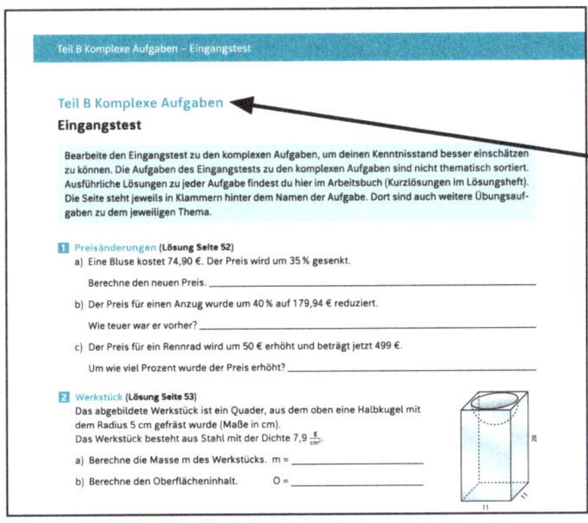
Teil B Komplexe Aufgaben – Eingangstest

Teil B Komplexe Aufgaben

Eingangstest

Bearbeite den Eingangstest zu den komplexen Aufgaben, um deinen Kenntnisstand besser einschätzen zu können. Die Aufgaben des Eingangstests zu den komplexen Aufgaben sind nicht thematisch sortiert. Ausführliche Lösungen zu jeder Aufgabe findest du hier im Arbeitsbuch (Kurzlösungen im Lösungsheft). Die Seite steht jeweils in Klammern hinter dem Namen der Aufgabe. Dort sind auch weitere Übungsaufgaben zu dem jeweiligen Thema.

1 Preisänderungen (Lösung Seite 52)
a) Eine Bluse kostet 74,90 €. Der Preis wird um 35 % gesenkt.
Berechne den neuen Preis. ______
b) Der Preis für einen Anzug wurde um 40 % auf 179,94 € reduziert.
Wie teuer war er vorher? ______
c) Der Preis für ein Rennrad wird um 50 € erhöht und beträgt jetzt 499 €.
Um wie viel Prozent wurde der Preis erhöht? ______

2 Werkstück (Lösung Seite 53)
Das abgebildete Werkstück ist ein Quader, aus dem oben eine Halbkugel mit dem Radius 5 cm gefräst wurde (Maße in cm).
Das Werkstück besteht aus Stahl mit der Dichte 7,9 $\frac{g}{cm^3}$.
a) Berechne die Masse m des Werkstücks. m = ______
b) Berechne den Oberflächeninhalt. O = ______

Der Teil B ist ähnlich wie der Teil A aufgebaut. Es gibt einen **Eingangstest** und zu jeder Aufgabe weitere **Übungen.**

Der **Abschlusstest** zeigt dir am Ende von Teil B, wie gut du auf die Prüfung vorbereitet bist.

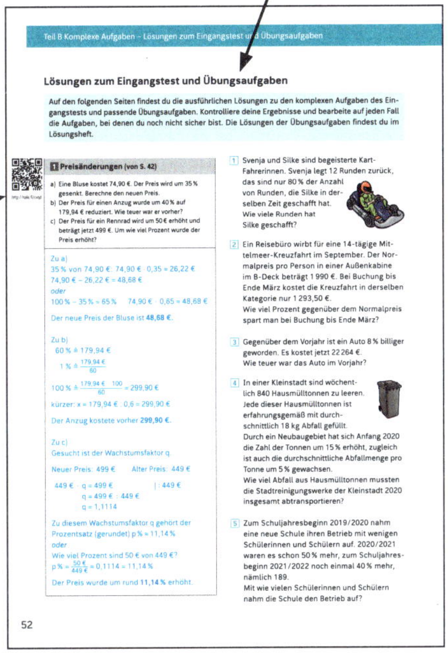
Teil B Komplexe Aufgaben – Lösungen zum Eingangstest und Übungsaufgaben

Lösungen zum Eingangstest und Übungsaufgaben

Auf den folgenden Seiten findest du die ausführlichen Lösungen zu den komplexen Aufgaben des Eingangstests und passende Übungsaufgaben. Kontrolliere deine Ergebnisse und bearbeite auf jeden Fall die Aufgaben, bei denen du noch nicht sicher bist. Die Lösungen der Übungsaufgaben findest du im Lösungsheft.

1 Preisänderungen (von S. 42)

52

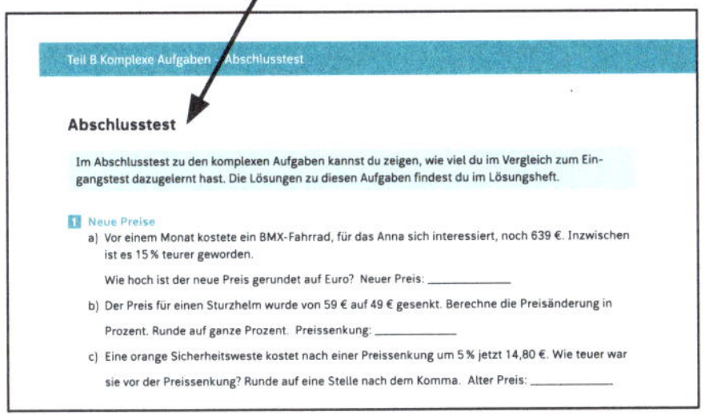
Teil B Komplexe Aufgaben – Abschlusstest

Abschlusstest

Im Abschlusstest zu den komplexen Aufgaben kannst du zeigen, wie viel du im Vergleich zum Eingangstest dazugelernt hast. Die Lösungen zu diesen Aufgaben findest du im Lösungsheft.

1 Neue Preise
a) Vor einem Monat kostete ein BMX-Fahrrad, für das Anna sich interessiert, noch 639 €. Inzwischen ist es 15 % teurer geworden.
Wie hoch ist der neue Preis gerundet auf Euro? Neuer Preis: ______
b) Der Preis für einen Sturzhelm wurde von 59 € auf 49 € gesenkt. Berechne die Preisänderung in Prozent. Runde auf ganze Prozent. Preissenkung: ______
c) Eine orange Sicherheitsweste kostet nach einer Preissenkung um 5 % jetzt 14,80 €. Wie teuer war sie vor der Preissenkung? Runde auf eine Stelle nach dem Komma. Alter Preis: ______

Der Link neben den Lösungen der Aufgaben aus dem Eingangstest führt wieder zu einem **Video.**

TEIL C – PRÜFUNGSAUFGABEN

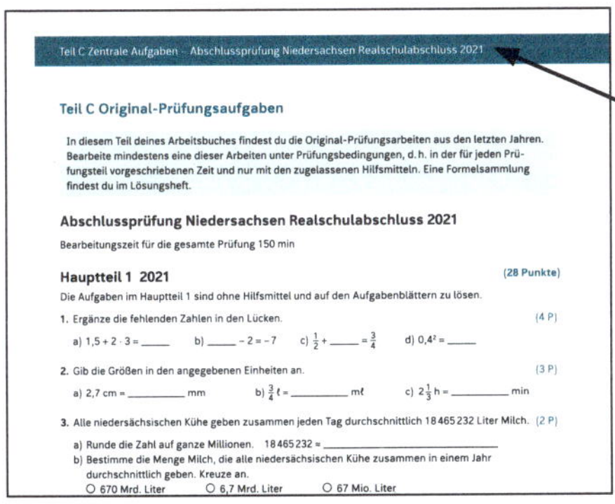
Teil C Zentrale Aufgaben – Abschlussprüfung Niedersachsen Realschulabschluss 2021

Teil C Original-Prüfungsaufgaben

In diesem Teil deines Arbeitsbuches findest du die Original-Prüfungsarbeiten aus den letzten Jahren. Bearbeite mindestens eine dieser Arbeiten unter Prüfungsbedingungen, d. h. in der für jeden Prüfungsteil vorgeschriebenen Zeit und nur mit den zugelassenen Hilfsmitteln. Eine Formelsammlung findest du im Lösungsheft.

Abschlussprüfung Niedersachsen Realschulabschluss 2021

Bearbeitungszeit für die gesamte Prüfung 150 min

Hauptteil 1 2021 (28 Punkte)

Die Aufgaben im Hauptteil 1 sind ohne Hilfsmittel und auf den Aufgabenblättern zu lösen.

1. Ergänze die fehlenden Zahlen in den Lücken. (4 P)
2. Gib die Größen in den angegebenen Einheiten an. (3 P)
3. Alle niedersächsischen Kühe geben zusammen jeden Tag durchschnittlich 18 465 232 Liter Milch. (2 P)
a) Runde die Zahl auf ganze Millionen. 18 465 232 ≈ ______
b) Bestimme die Menge Milch, die alle niedersächsischen Kühe zusammen in einem Jahr durchschnittlich geben. Kreuze an.
○ 670 Mrd. Liter ○ 6,7 Mrd. Liter ○ 67 Mio. Liter

Hier sind **Original-Prüfungsarbeiten** aus den letzten Jahren abgedruckt. Mindestens eine dieser Arbeiten solltest du unter Prüfungsbedingungen bearbeiten, in der vorgeschriebenen Zeit und nur mit den zugelassenen Hilfsmitteln.

Eine **Formelsammlung**, die auch bei der Abschlussprüfung zugelassen ist, findest du im **Lösungsheft.**
Unter **www.finaleonline.de** ist ein **Übungstagebuch,** mit dem du deine Prüfungsvorbereitung gut organisieren kannst. Nutze dafür auch den Code von Seite 2.

Wir wünschen dir viel Erfolg bei deiner Abschlussprüfung!
Dein **FiNALE**-Team

TIPP

Hast du noch Lücken aus den vorherigen Schuljahren? Dann empfehlen wir dir das „**FiNALE** Grundlagentraining Mathematik“ (ISBN 978-3-7426-1892-4).

Es bietet prüfungsrelevantes Grundlagenwissen zum Nachschlagen und Üben. Ergänzend dazu findest du unter *www.finaleonline.de/grundlagentraining* ein kostenloses Online-Training bestehend aus interaktiven Übungsaufgaben und Arbeitsblättern zum Ausdrucken.

Teil A Basisaufgaben

Eingangstest

Der Eingangstest zeigt dir, wie gut dein Grundwissen in den vier Bereichen Arithmetik/Algebra, Funktionen, Geometrie sowie Daten und Zufall ist. Ausführliche Lösungen zu jeder Aufgabe findest du hier im Arbeitsbuch (Kurzlösungen im Lösungsheft). Die Seite steht jeweils in Klammern hinter dem Namen der Aufgabe. Dort findest du auch weitere Übungsaufgaben zu dem jeweiligen Thema.
Nutze zusätzliche Blätter oder ein Heft für Nebenrechnungen, Skizzen oder ausführliche Lösungen.

Arithmetik/Algebra

1 Rechnen und Ordnen **(Lösung Seite 14)**

a) Berechne.

(1) $\frac{3}{4}$ von 8 ______

(2) $\frac{3}{5} \cdot (-15) \cdot (-0{,}1)$ ______

(3) $-(3{,}8 - 4{,}2) + (-1{,}7 - 1{,}3) : (-5)$ ______

(4) die Differenz der Zahlen 6,5 und −5,4 ______

(5) die Summe der Zahlen 1,6 und −4,5 ______

(6) den Quotienten der Zahlen −3,5 und −0,7 ______

b) Ordne die Zahlen: $\frac{3}{4}$; $1\frac{3}{5}$; 0,6; $-\frac{1}{2}$; $\frac{4}{3}$; 0,5; −0,7

______ < ______ < ______ < ______ < ______ < ______ < ______

2 Prozente **(Lösung Seite 15)**

a) Wie viel sind 30 % von 250 €?

______

b) Wie viel Prozent sind 25 cm von 5 m?

______

c) Von wie viel Kilogramm sind 5 % genau 10 kg?

______

d) Berechne 4 % Zinsen von 620 € Kapital.

______

3 Gleichungssysteme **(Lösung Seite 16)**

a) Löse das Gleichungssystem.

I. $x - 2y = 4$ x = ______

II. $3x + y = 5$ y = ______

b) Ein Rechteck hat den Umfang 30 cm, wobei die eine Seite 2 cm länger ist als die andere Seite. Wie lang sind die Seiten?

Länge: ______   Breite: ______

4 Schätzen **(Lösung Seite 17)**

Kreuze an, welche Maßangabe stimmen könnte.

TIPP

Schätze zuerst die Maße.

Oberfläche

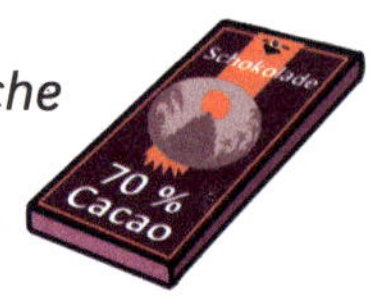

- ☐ 300 dm²
- ☐ 30 cm²
- ☐ 0,3 m²
- ☐ 30 000 mm²

Volumen des Badewassers

- ☐ 3000 *l*
- ☐ 30 000 cm³
- ☐ 0,300 m³
- ☐ 30 000 ml

Höhe eines Kirchturms

- ☐ 850 mm
- ☐ 85 dm
- ☐ 85 000 cm
- ☐ 0,085 km

5 **Wintercheck** (**Lösung Seite 18**)

Frau König lässt ihr Auto in der Werkstatt auf den Winter vorbereiten. Für Materialien und Arbeitsleistungen erstellt die Werkstatt die Rechnung mithilfe einer Tabellenkalkulation.

	A	B	C	D
1	**Artikelbezeichnung**	**Menge**	**Einzelpreis**	**Gesamtpreis**
2				
3	Reifen 195/65 R WinterGrip	4	70,92 €	283,68 €
4	Glühlampen	2	2,03 €	4,06 €
5	Motoröl (in Liter)	1,5		24,75 €
6				
7	Winterräder montieren			18,91 €
8	Wintercheck durchführen			16,72 €
9				
10	Zwischensumme			348,12 €
11	Mehrwertsteuer (in %)	19		66,14 €
12				
13	**Rechnungsbetrag**			414,26 €

a) In welcher Zelle findest du den Einzelpreis für einen Reifen? ______________________

b) Gib an, wie teuer 1 Liter Motoröl (ohne MwSt.) ist. ______________________

c) Gib eine Formel für die Zelle D10 an. ______________________

d) Welche Formeln könnten in D11 stehen? Kreuze alle richtigen an.

☐ = D10 * 0,19 ☐ = D10 / B11*100 ☐ = D10*B11/100 ☐ = 348,12 € / B11

6 **Aussagen** (**Lösung Seite 19**)

a) Welche der folgenden Sachtexte passen zu der Gleichung $x + (x - 4) = 60$? Kreuze an.

1	Vera ist vier Jahre jünger als Max. Zusammen sind sie 60 Jahre alt.	☐ Ja	☐ Nein
2	Eine Lostrommel enthält viermal so viele Nieten wie Gewinnlose. Insgesamt sind 60 Lose in der Trommel.	☐ Ja	☐ Nein
3	Familie Maier legt auf ihrer zweitägigen Radtour insgesamt 60 km zurück. Am zweiten Tag fahren sie 4 km weniger als am ersten Tag.	☐ Ja	☐ Nein
4	Ein 60 m^2 großer Saal wird mit Parkett ausgelegt. Länge und Breite des Raumes unterscheiden sich um 4 Meter.	☐ Ja	☐ Nein

b) Löse die Gleichung $x + (x - 4) = 60$. ______________________

Funktionen

7 **Zuordnungen** (**Lösung Seite 20**)

In welchen Graphen erkennst du proportionale (p) oder antiproportionale (a) Zuordnungen? Wo liegt keines von beiden (k) vor? Kreuze jeweils p, a oder k an.

a)	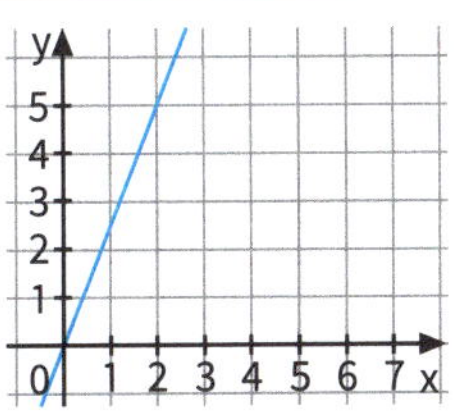	☐ p ☐ a ☐ k	b)	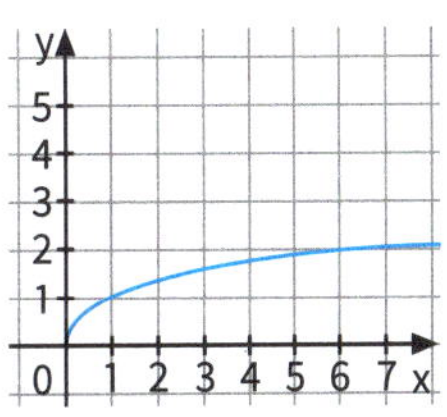	☐ p ☐ a ☐ k
c)	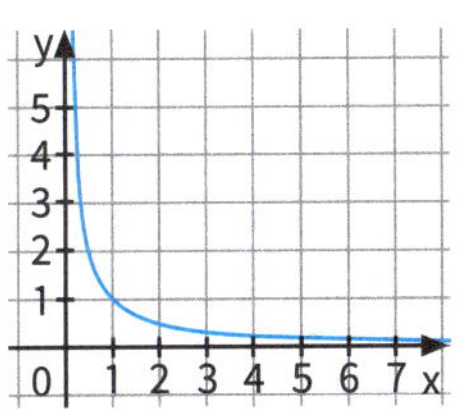	☐ p ☐ a ☐ k	d)	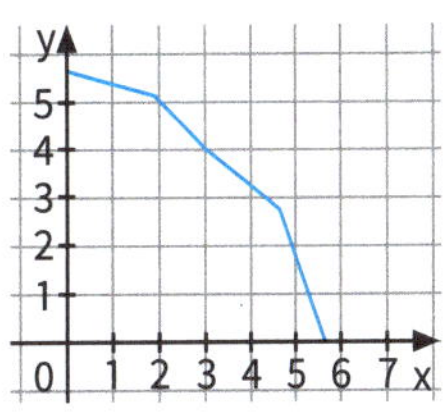	☐ p ☐ a ☐ k

8 Gleichungen und Graphen (Lösung Seite 21)

Ordne den Graphen (g_1, g_2, ...g_6) die zugehörige Funktionsgleichung zu. Zwei Gleichungen passen zu keinem Graphen.

	$y = -0{,}5x^2$
	$y = x - 2$
	$y = -x - 2$
	$y = x^2 + 2x + 2$

	$y = -2x^2$
	$y = 2x^2$
	$y = -x + 2$
	$y = 0{,}5x^2$

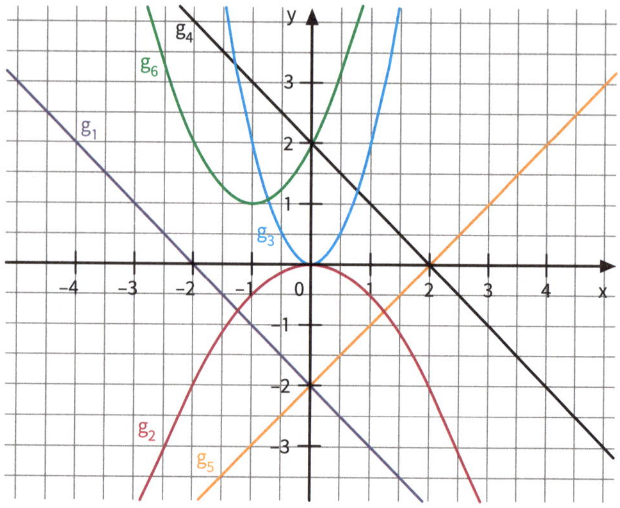

9 Parabeln in verschiedenen Darstellungen (Lösung Seite 22)

Eine Parabel hat den Scheitelpunkt S(3|−15) und ist gegenüber der Normalparabel um den Faktor a = 2 gestreckt.
Gib die Scheitelpunktform der Parabel an und wandle diese in die allgemeine Form um.

f(x) = ______________ f(x) = ______________

10 Lineare Funktion – Füllmenge (Lösung Seite 23)

Die im Koordinatensystem dargestellte Funktion stellt den Zusammenhang zwischen der Füllmenge in einem Bewässerungstank und der Zeit dar.

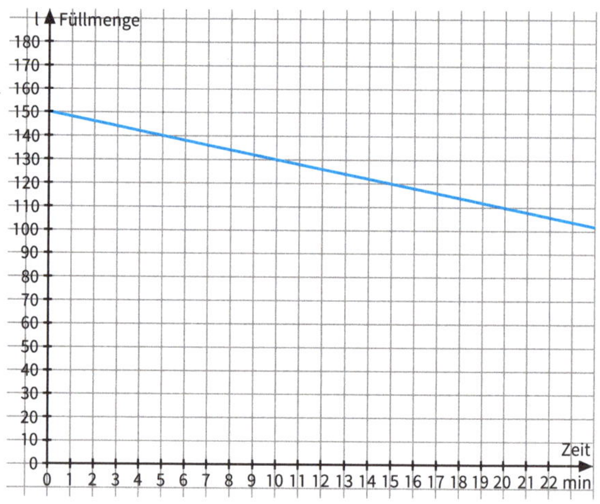

a) Wie viel Liter Wasser sind am Anfang im Tank?

Am Anfang sind __________ im Tank.

b) Bestimme, um wie viel Liter pro Minute die Wassermenge abnimmt.

____

c) Gib die Funktionsgleichung an. ______________

11 Exponentielles Wachstum (Lösung Seite 24)

Eine Stadt hat 42 000 Einwohner. Es wird damit gerechnet, dass die Einwohnerzahl in den nächsten fünf Jahren jährlich um 2 % zunimmt. Berechne, wie viele Einwohner die Stadt in fünf Jahren voraussichtlich haben wird.

Geometrie

12 Rechteck (Lösung Seite 25)

Ein Rechteck ist 8 cm lang und hat einen Umfang von 30 cm. Wie groß ist sein Flächeninhalt A?

A = ______________________________

13 Dreieck im Koordinatensystem (Lösung Seite 26)

a) Gib die Koordinaten der Punkte P(|), Q(|), R(|) an.

b) Welchen Flächeninhalt hat das Dreieck PQR?

A = ______________________________

c) Trage den Punkt S(4|4) in das Koordinatensystem ein.
Wie heißt die Figur PQRS?

____

d) Bestimme den Flächeninhalt der Figur PQRS.

A = ______________________________

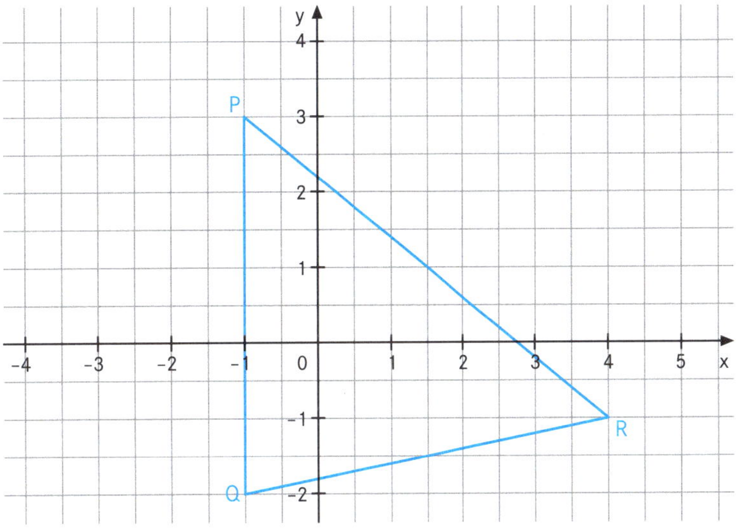

14 Umzug (Lösung Seite 27)

Für den Transport von 90 Umzugskartons sucht Familie Meyer bei einer Leihfirma ein geeignetes Fahrzeug. Ein Karton hat folgende Abmessungen (in mm): 600 x 330 x 340. Es stehen Transporter mit einem Ladevolumen von 5,8 m^3 und 9,5 m^3 zur Auswahl. Welchen Transporter würdest du empfehlen? Begründe rechnerisch.

15 Zylinder (Lösung Seite 28)

a) Skizziere das Netz eines Zylinders.

b) Ein Zylinder hat eine Grundfläche mit dem Radius 14 cm und ist 8 cm hoch.
Bestimme den Oberflächeninhalt des Zylinders gerundet auf ganze cm^2.

Oberflächeninhalt: ______________________________

16 Buchstaben-Design (**Lösung Seite 29**)

Emil entwirft neue Schriftarten für den Computer. Er beginnt mit dem Buchstaben A (siehe Abbildung rechts). Den noch fehlenden Querstrich möchte er so einzeichnen, dass er

- $\frac{1}{3}$ der unteren Breite des Buchstabens als Länge hat und
- parallel zum Boden verläuft.

Berechne, wo Emil den Querstrich einzeichnen muss.
Zeichne den Buchstaben auf ein extra Blatt. Zeichne den Querstrich ein und überprüfe an der Zeichnung deine Berechnung.

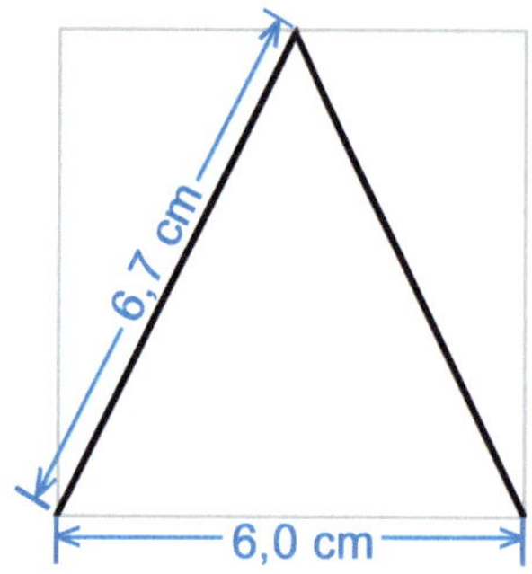

17 Drachen (**Lösung Seite 30**)

Sven hat einen Drachen gebaut. Die beiden kürzeren Seiten a und b sind jeweils 25 cm lang und schließen einen rechten Winkel ein. Die Längen der beiden Diagonalen e und f verhalten sich wie 2 : 3.

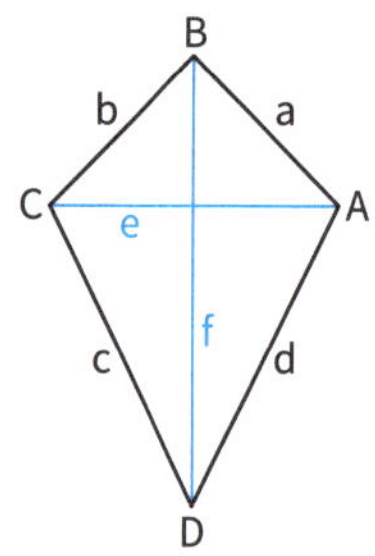

a) Berechne die Längen der beiden Diagonalen. ______________________

b) Rund um den Drachen wurde eine Schnur gespannt.

Wie lang ist sie? ______________________

18 Winkel (**Lösung Seite 31**)

In der Abbildung sind die Geraden g und h parallel.

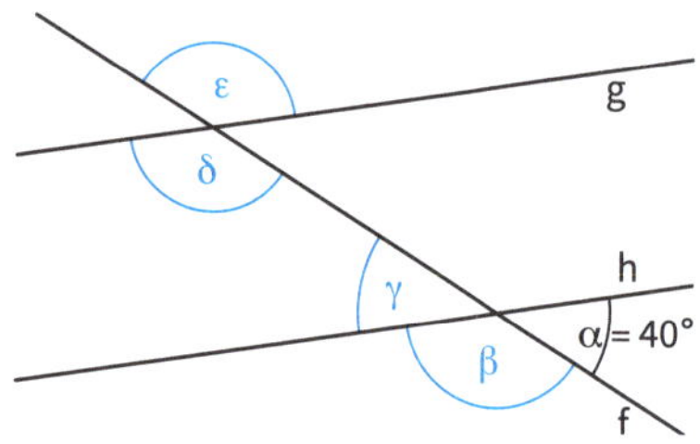

a) Bestimme, ohne zu messen, die Größe der Winkel β, γ, δ und ε. Begründe.

β = ________ γ = ________ δ = ________ ε = ________

b) In einem Geometrieprogramm wird die Gerade f so gedreht, dass $\alpha = 105°$ groß ist. Wie verändern sich dadurch die Größen von β, γ, δ und ε? Überprüfe deine Lösung durch eine Zeichnung.

β = ________ γ = ________ δ = ________ ε = ________

Daten und Zufall

19 Tablet (**Lösung Seite 32**)

Im Internet wird ein Tablet zu folgenden Preisen angeboten.

a) Gib den Median (Zentralwert), die Spannweite und das arithmetische Mittel der Preise an.

____

Median: ____________ Spannweite: ____________ arithmetisches Mittel: ____________

b) Berücksichtigt man noch ein sechstes Angebot, beträgt das arithmetische Mittel nur noch 264 €. Wie teuer ist das Tablet aus diesem Angebot?

20 Nutzflächen in Deutschland **(Lösung Seite 33)**

In dem Diagramm rechts wird dargestellt, wie die Flächen in Deutschland genutzt werden.

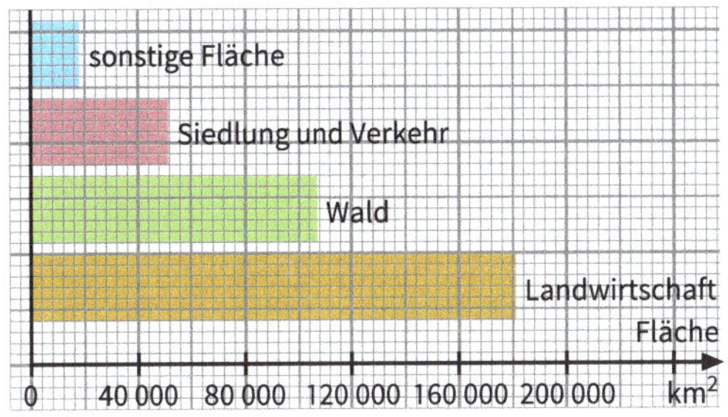

a) Wie viel Quadratkilometer entsprechen 1 mm?

1 mm ≙ ______________ km^2

b) (1) Lies aus dem Diagramm ab und fülle die Tabelle aus.

(2) Bestimme die relativen Häufigkeiten und trage sie in die Tabelle ein. Runde auf eine Nachkommastelle.

	Flächeninhalt (in km^2)	relative Häufigkeit (in %)
Landwirtschaft		
Wald		
Siedlung und Verkehr		
sonstige Fläche		
Gesamtfläche		

Kreisdiagramm:

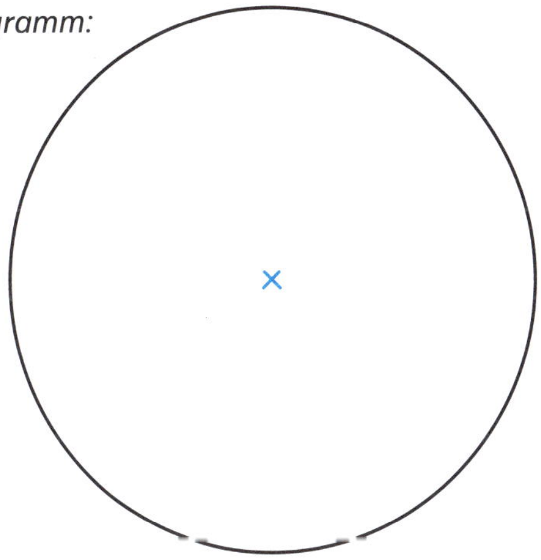

(3) Stelle die Anteile in einem Kreis- und einem Streifendiagramm dar.

Streifendiagramm:

21 Farbige Kugeln **(Lösung Seite 34)**

Aus einem Behälter mit 3 roten, 5 grünen und 2 blauen gleichartigen Kugeln wird eine verdeckt gezogen. Berechne die Wahrscheinlichkeiten für „blau" und für „nicht rot".

a) P (blau) = ______________

b) P (nicht rot) = ______________

22 Würfel **(Lösung Seite 35)**

Rechts siehst du die Netze zweier Würfel.
Der Würfel (1) hat nur die Zahlen 3 und 4, der Würfel (2) die Zahlen 3, 4 und 6.

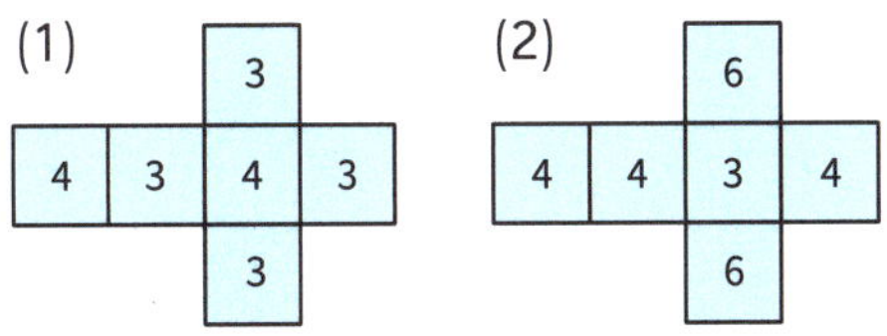

a) Gib die Wahrscheinlichkeit an, mit Würfel (1) eine Vier zu würfeln. ______________

b) Gib die Wahrscheinlichkeit an, mit Würfel (2) eine Augenzahl größer als 3 zu würfeln.

____

c) Mit einem der beiden Würfel wurde 1000-mal gewürfelt und dabei 324-mal die Vier erzielt. Welcher Würfel ist das vermutlich gewesen? Begründe.

____

____

Selbsteinschätzungsbogen

Der Selbsteinschätzungsbogen soll dir helfen, im Anschluss an den Eingangstest einen Überblick zu gewinnen, was du schon ziemlich sicher kannst und wo du noch üben solltest. Kreuze direkt, nachdem du den Eingangstest durchgearbeitet hast, mit Bleistift an, wie sicher du die verschiedenen Themen zu beherrschen glaubst. Vergleiche danach deine Lösungen mit den Beispiellösungen auf den jeweils angegebenen Seiten. Hast du dich richtig eingeschätzt? Korrigiere gegebenenfalls deine Kreuzchen. Du hast nun eine Übersicht, in welchen Bereichen du am dringlichsten üben musst. Die zugehörigen Übungsaufgaben findest du in der Tabelle (rechte Spalte).

Arithmetik/Algebra

Aufgabe	Ich kann...	sicher	fast sicher	muss ich üben	Übungs-aufgaben
1 Rechnen und Ordnen	die Grundrechenarten für rationale Zahlen ausführen.				S. 14: A1, A2
	rationale Zahlen ordnen und vergleichen.				S. 14: A2(5), A3
2 Prozente	Prozentwerte, Prozentsätze und Grundwerte berechnen.				S. 15: A1 bis A6 S. 18: A1
	Prozentaufgaben in der Zinsrechnung lösen.				S. 15: A4
3 Gleichungssysteme	lineare Gleichungssysteme mit zwei Variablen lösen.				S. 16: A1
	Gleichungssysteme zu Sachsituationen aufstellen.				S. 16: A2, A3, A4
4 Schätzen	in Sachsituationen die Größen von Längen, Flächen und Volumina schätzen.				S. 17: A1, A2, A3
	eine Größenangabe in kleinere oder größere Einheiten umrechnen.				S. 17: A4, A5, A6
5 Wintercheck	Berechnungen mithilfe einer Tabellenkalkulation ausführen.				S. 18: A2, A3
6 Aussagen	lineare Gleichungen lösen.				S. 19: A1
	Sachsituationen in Gleichungen übersetzen und lösen.				S. 19: A2, A3, A4

Funktionen

Aufgabe	Ich kann...	sicher	fast sicher	muss ich üben	Übungs-aufgaben
7 Zuordnungen	proportionale und antiproportionale Zuordnungen an ihren Graphen erkennen.				S. 20: A1
	Werte berechnen und Graphen skizzieren, auch in Sachsituationen.				S. 20: A2 bis A5
8 Gleichungen und Graphen	bei linearen Funktionen die Gleichungen und Graphen einander zuordnen.				S. 21: A1, A2, A3
	bei quadratischen Funktionen zwischen Gleichung, Graph und Wertetabelle wechseln.				S. 21: A4, A5
9 Parabeln in verschiedenen Darstellungen	die Scheitelpunktform in die allgemeine Form bringen und umgekehrt.				S. 22: A1 bis A4

Funktionen

10 Lineare Funktion – Füllmenge	Sachsituationen durch Gleichungen und Graphen von linearen Funktionen beschreiben.				S. 23: A1, A2, A3
11 Exponentielles Wachstum	in Sachsituationen exponentielles Wachstum erkennen und Werte berechnen (auch Zinseszins).				S. 24: A1 bis A5

Geometrie

Aufgabe	Ich kann...	sicher	fast sicher	muss ich üben	Übungsaufgaben
12 Rechteck	Umfang und Flächeninhalt eines Rechtecks berechnen, auch in Sachsituationen.				S. 25: A1 bis A4
13 Dreieck im Koordinatensystem	Punkte in ein Koordinatensystem eintragen und ablesen.				S. 26: A1, A2, A3
	Flächeninhalte von Dreiecken, Parallelogrammen und Trapezen berechnen.				S. 26: A1, A2, A3
14 Umzug	das Volumen eines Quaders berechnen, auch mit unterschiedlichen Einheiten und in Sachsituationen.				S. 27: A1 bis A6
15 Zylinder	den Flächeninhalt und Umfang eines Kreises berechnen.				S. 28: A1, A2
	die Größe von Mantelfläche, Oberfläche und Volumen eines Zylinders berechnen.				S. 28: A3 bis A6
16 Buchstaben-Design	Streckenlängen mithilfe der Strahlensätze bestimmen.				S. 29: A1 bis A4
17 Drachen	Streckenlängen mithilfe des Satzes von Pythagoras berechnen, auch in Sachsituationen.				S. 30: A1 bis A5
18 Winkel	Winkelgrößen mithilfe der Winkelsätze und der Winkelsumme im Dreieck bestimmen.				S. 31: A1, A2, A3

Stochastik

Aufgabe	Ich kann...	sicher	fast sicher	muss ich üben	Übungsaufgaben
19 Tablet	Spannweite, Median und arithmetisches Mittel angeben.				S. 32: A1 bis A3
20 Nutzflächen in Deutschland	Werte aus einem Diagramm ablesen.				S. 33: A1, A2 S. 34: A4
	relative Häufigkeiten berechnen und als Prozente angeben.				
	Kreis- und Streifendiagramme erstellen.				
21 Farbige Kugeln	die Wahrscheinlichkeit eines Ereignisses bei einem Laplace-Experiment berechnen.				S. 34: A1 bis A4 S. 35: A1 a) – c)
22 Würfel	Wahrscheinlichkeiten mit den Ergebnissen einer langen Versuchsreihe schätzen.				S. 35: A1 d), A2

Wenn du noch weiteren Übungsbedarf hast oder in einem Thema unsicher bist, empfehlen wir dir, im „Grundlagentraining“ nachzuschlagen (ISBN 978-3-7426-1892-4).
Dein **FiNALE**-Team

Lösungen zum Eingangstest und Übungsaufgaben

Auf den folgenden Seiten findest du die ausführlichen Lösungen zum Eingangstest. Der Link neben der Lösung führt zu einem Video, in dem jeder Lösungsschritt erklärt wird.
Zu jeder Aufgabe gibt es passende Übungsaufgaben. Nutze deine Selbsteinschätzung (S. 12/13) und bearbeite auf jeden Fall die Aufgaben, bei denen du noch nicht sicher bist. Die Lösungen der Übungsaufgaben findest du im Lösungsheft.

Arithmetik/Algebra

http://nale.fi/xygh

http://nale.fi/yacr

1 Rechnen und Ordnen (von S. 6)

a) Berechne.
(1) $\frac{3}{4}$ von 8 (2) $\frac{3}{5} \cdot (-15) \cdot (-0{,}1)$
(3) $-(3{,}8 - 4{,}2) + (-1{,}7 - 1{,}3) : (-5)$
(4) die Differenz der Zahlen 6,5 und −5,4
(5) die Summe der Zahlen 1,6 und −4,5
(6) den Quotienten der Zahlen −3,5 und −0,7

b) Ordne die Zahlen: $\frac{3}{4}$; $1\frac{3}{5}$; 0,6; $-\frac{1}{2}$; $\frac{4}{3}$; 0,5; −0,7

Zu a)
(1) $\frac{3}{4} \cdot 8 = \frac{3}{4} \cdot \frac{8}{1} = \frac{24}{4} = \mathbf{6}$
(2) $\frac{3}{5} \cdot (-15) \cdot (-0{,}1) = \frac{3}{5} \cdot 1{,}5 = 0{,}6 \cdot 1{,}5 = \mathbf{0{,}9}$
(3) $-(3{,}8 - 4{,}2) + (-1{,}7 - 1{,}3) : (-5)$
$= -(-0{,}4) + (-3) : (-5) = 0{,}4 + 0{,}6 = \mathbf{1}$
(4) $6{,}5 - (-5{,}4) = 6{,}5 + 5{,}4 = \mathbf{11{,}9}$
(5) $1{,}6 + (-4{,}5) = 1{,}6 - 4{,}5 = \mathbf{-2{,}9}$
(6) $-3{,}5 : (-0{,}7) = 3{,}5 : 0{,}7 = 35 : 7 = \mathbf{5}$

Zu b)
$-0{,}7 < -\frac{1}{2} < 0{,}5 < 0{,}6 < \frac{3}{4} < \frac{4}{3} < 1\frac{3}{5}$

1 Berechne.

a) $1{,}2 \cdot 7{,}6$ ______
b) $0{,}45 \cdot 10{,}5$ ______
c) $\frac{2}{5} + \frac{3}{10}$ ______
d) $\frac{1}{3} + \frac{2}{5}$ ______
e) $\frac{1}{3} \cdot \frac{2}{5}$ ______
f) $\frac{1}{3} : \frac{2}{5}$ ______

TIPP

Summe: 27 + 9 **Produkt:** 27 · 9 **Potenz:** 2^3
Differenz: 27 − 9 **Quotient:** 27 : 9

2 (1) Dividiere die Differenz aus 11 und 8 durch 5.
(2) Berechne $\frac{1}{5}$ von der dritten Potenz von −2.
(3) Halbiere die Differenz aus 2,9 und 5,7.
(4) Bilde die Summe aus 2,5 und dem Produkt der Zahlen −3 und 1,5.
(5) Welche Zahl muss mit 4,8 multipliziert werden, um −1,2 zu erhalten?

Stelle die Ergebnisse an der Zahlengeraden dar.

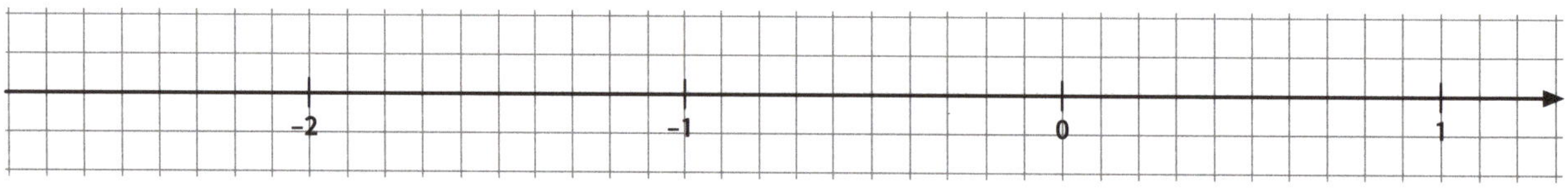

3 Ordne der Größe nach, beginne mit der kleinsten Zahl.

a) 0,4 $\frac{3}{6}$ 0,38 $\frac{1}{4}$ $\frac{3}{8}$ 0,44

☐ < ☐ < ☐ < ☐ < ☐ < ☐

b) $-1\frac{1}{2}$ $-\frac{7}{5}$ $-\frac{3}{4}$ −0,8 $-\frac{11}{8}$ −1,3

☐ < ☐ < ☐ < ☐ < ☐ < ☐

c) 0,7 $-\frac{3}{4}$ −1,34 $\frac{4}{5}$ $-\frac{4}{3}$ $\frac{17}{20}$

☐ < ☐ < ☐ < ☐ < ☐ < ☐

d) 2,8 −0,41 $-\frac{2}{5}$ $\frac{29}{10}$ $-\frac{9}{2}$ 2,805

☐ < ☐ < ☐ < ☐ < ☐ < ☐

1 Berechne.

a) 40 % von 650 €

b) 23 % von 40 m

2 45 % der Länge einer Strecke sind 288 m. Wie lang ist die gesamte Strecke?

3 Wie viel Prozent sind

a) 3 kg von 60 kg?

b) 12 cm von 1,20 m?

4 Berechne die Zinsen.

a) 3 200 € werden ein Jahr mit 0,5 % verzinst.

b) Ein halbes Jahr lang werden 560 € bei einem Zinssatz von 1,2 % verzinst.

2 Prozente (von S. 6)

a) Wie viel sind 30 % von 250 €?

b) Wie viel Prozent sind 25 cm von 5 m?

c) Von wie viel Kilogramm sind 5 % genau 10 kg?

d) Berechne 4 % Zinsen von 620 € Kapital

http://nale.fi/psqk

Zu a)
W ist gesucht.
$\mathbf{W} = 250\,€ \cdot 0{,}30$
$= \mathbf{75\,€}$

Zu b)
p % ist gesucht.
$\mathbf{p\,\%} = \frac{0{,}25\text{ m}}{5\text{ m}} = 0{,}05$
$= \mathbf{5\,\%}$

Zu c)
G ist gesucht.
$G = \frac{10\text{ kg}}{0{,}05} = \mathbf{200\text{ kg}}$

Zu d)
Z ist gesucht.
$Z = 620\,€ \cdot 0{,}04$
$= \mathbf{24{,}80\,€}$

TIPP

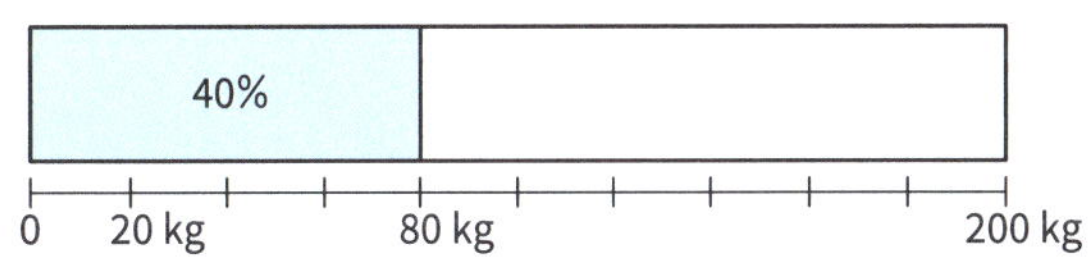

Prozentrechnung:
– Grundwert G
– Prozentwert W
– Prozentsatz p %

40 % von 200 kg sind 80 kg
(40 % = p %; 200 kg = G; 80 kg = W)

Formeln: $W = G \cdot p\,\%$ $\quad p\,\% = \frac{W}{G}$ $\quad G = \frac{W}{p\,\%}$

Zinsrechnung:
Kapital K ↔ G; Zinsen Z ↔ W $\quad Z = K \cdot p\,\%$

5 Familie Meier zahlt monatlich 550 € Miete. Die Miete soll zum 1. Januar um 3,5 % erhöht werden.

a) Berechne die Mieterhöhung.

b) Gib die ab Januar zu zahlende Miete an.

6 Für den Kauf eines Elektroautos zu einem Preis von 32 000 € kann Familie Özdemir einen staatlichen Zuschuss in Höhe von 4 000 € erhalten. Auf den restlichen Kaufpreis gewährt das Autohaus einen Rabatt von 8 %.

a) Berechne die Höhe des Rabattes.

b) Wie viel Prozent des Kaufpreises spart Familie Özdemir insgesamt?

http://nale.fi/sghb

3 Gleichungssysteme (von S. 6)

a) Löse das Gleichungssystem. I. $x - 2y = 4$
II. $3x + y = 5$

b) Ein Rechteck hat den Umfang 30 cm, wobei die eine Seite 2 cm länger ist als die andere Seite.
Wie lang sind die Seiten?

Zu a)

I. $x - 2y = 4$
II. $3x + y = 5 \quad | \cdot 2$

I. $x - 2y = 4$
II. $6x + 2y = 10$

I. + II. $7x = 14 \quad | : 7$

$\mathbf{x = 2}$

$x = 2$ in Gleichung I. eingesetzt:

$2 - 2y = 4 \quad | -2$
$-2y = 2 \quad | : (-2)$
$\mathbf{y = -1}$

Lösung: $x = 2$ und $y = -1$

Zu b)

x: Breite; y: Länge

I. $2x + 2y = 30$
II. $y = x + 2$

II. in I. eingesetzt:

$2x + 2(x + 2) = 30$
$2x + 2x + 4 = 30 \quad | -4$
$4x = 26 \quad | : 4$
$\mathbf{x = 6{,}5}$

$x = 6{,}5$ in Gleichung II. eingesetzt:

$y = 6{,}5 + 2$
$y = 8{,}5$

Die Seiten des Rechtecks betragen **6,5 cm** und **8,5 cm**.

2 Ein 50-Euro-Schein wird so in 5-Euro-Scheine und 10-Euro-Scheine gewechselt, dass die Anzahl der kleineren Scheine x dreimal so groß ist wie die Anzahl der größeren Scheine y.
Wie viele Scheine sind es?

____

3 Ein Korken und eine Flasche kosten zusammen 1,10 €. Die Flasche ist 1 € teurer als der Korken. Was kostet der Korken, was die Flasche?

____

4 Bestimme die gesuchten Zahlen.

a) Die Summe zweier Zahlen beträgt 43, ihre Differenz 9.

____

b) Addiere 12 zu einer Zahl. Du erhältst das Dreifache einer zweiten Zahl. Das Vierfache der zweiten Zahl vermindert um das Sechsfache der ersten Zahl ergibt 2.

____

1 Löse das Gleichungssystem.

a) I. $x + 9y = -41$
II. $x - 4y = 24$

b) I. $x + 5y = 17$
II. $2x - 4y = 20$

c) I. $2x - 3y = 8$
II. $5x + 6y = 20$

d) I. $3x + 4y = 1$
II. $6x + 8y = 0$

1 Wie viele Sekunden hat eine Schülerin vom ersten Schultag bis zum Ende der 10. Klasse etwa in der Schule verbracht?

☐ 3 600 000 s ☐ 360 000 000 s

☐ 36 000 000 s ☐ 3 600 000 000 s

2 Schätze den Flächeninhalt eines 20-€-Scheins.

☐ 957,6 cm² ☐ 95 760 mm²

☐ 95,76 dm² ☐ 9 576 mm²

3 Kreuze an, welche Schätzung am besten passt.

a) Ungefähre Größe der lackierten Fläche eines Pkws

☐ 72 m² ☐ 720 dm²

☐ 720 000 mm² ☐ 7 200 cm²

b) Größe des Kofferraums eines Pkws

☐ 37 hl ☐ 370 000 ml

☐ 0,037 m³ ☐ 37 000 *l*

4 Wandle in die nächstkleinere Einheit um.

a) 35 cm = ________________

b) 2,5 m² = ________________

c) 85 min = ________________

5 Wandle in die nächstgrößere Einheit um.

a) 56 000 mm = ________________

b) 5 050 m² = ________________

c) 150 min = ________________

4 Schätzen (von S. 6)

Kreuze an, welche Maßangabe stimmen könnte.

Oberfläche	Volumen des Badewassers	Höhe eines Kirchturms
	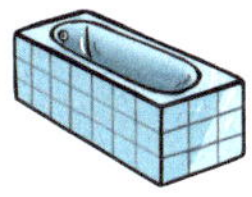	
☐ 300 dm²	☐ 3 000 *l*	☐ 850 mm
☐ 30 cm²	☐ 30 000 cm³	☐ 85 dm
☐ 0,3 m²	☐ 0,300 m³	☐ 85 000 cm
☐ 30 000 mm²	☐ 30 000 ml	☐ 0,085 km

Oberfläche der Schokoladentafel

Eine Schokoladentafel ist ca. 8 cm breit, 16 cm lang und 1 cm hoch. Das ergibt einen Oberflächeninhalt von $O = 2 \cdot (8 \cdot 16 + 8 \cdot 1 + 16 \cdot 1)\ \text{cm}^2 = 304\ \text{cm}^2 = 30\,400\ \text{mm}^2 \approx$ **30 000 mm²**.

Volumen des Badewassers

Geschätzte Innenmaße einer Badewanne:

$l = 160\ \text{cm}$, $b = 50\ \text{cm}$, $h = 40\ \text{cm}$

$V = 160\ \text{cm} \cdot 50\ \text{cm} \cdot 40\ \text{cm}$

$V = 320\,000\ \text{cm}^3 = 0{,}320\ \text{m}^3 = 320\ l$,

also ca. **0,300 m³**

Höhe eines Kirchturms

Hilfreich ist das Umrechnen der Maße in Meter: 850 mm = 0,85 m; 85 000 cm = 850 m; 85 dm = 8,5 m; 0,085 km = 85 m

Nur **0,085 km** (= 85 m) ist realistisch.

http://nale.fi/fqvh

TIPP

Beim Vergleichen von *Größen* achte auf die gleiche Einheit.
Rechnest du in eine kleinere (größere) Einheit um, wird die Maßzahl größer (kleiner).

6 Wandle in die angegebene Einheit um.

a) 500 g = ________________ kg

b) 1,8 t = ________________ kg

c) 25 ha = ________________ m²

d) 4 600 cm² = ________________ m²

e) 4 500 *l* = ________________ m³

f) 180 s = ________________ min

g) 1,2 h = ________________ min

http://nale.fi/kpwv

5 Wintercheck (von S. 7)

	A	B	C	D
1	**Artikelbezeichnung**	**Menge**	**Einzelpreis**	**Gesamtpreis**
2				
3	Reifen 195/65 R WinterGrip	4	70,92 €	283,68 €
4	Glühlampen	2	2,03 €	4,06 €
5	Motoröl (in Liter)	1,5		24,75 €
6				
7	Winterräder montieren			18,91 €
8	Wintercheck durchführen			16,72 €
9				
10	Zwischensumme			348,12 €
11	Mehrwertsteuer (in %)	19		66,14 €
12				
13	**Rechnungsbetrag**			414,26 €

Frau König lässt ihr Auto in der Werkstatt auf den Winter vorbereiten. Für Materialien und Arbeitsleistungen erstellt die Werkstatt die Rechnung mithilfe einer Tabellenkalkulation.

a) In welcher Zelle findest du den Einzelpreis für einen Reifen?

b) Gib an, wie teuer 1 Liter Motoröl (ohne MwSt.) ist.

c) Gib eine Formel für die Zelle D10 an.

d) Welche Formeln könnten in D11 stehen? Kreuze alle richtigen an.

☐ = D10 * 0,19 ☐ = D10 / B11*100

☐ = D10*B11/100 ☐ = 348,12 € / B11

Zu a)

Der Einzelpreis für einen Reifen steht in Zelle **C3.**

Zu b)

24,75 € : 1,5 = 16,50 €.

Ein Liter Motoröl kostet **16,50 €.**

Zu c)

D10: **=D3+D4+D5+D7+D8**

Schneller geht es mit: **=Summe(D3:D8)**

Zu d)

Die Zwischensumme (in D10) muss mit 19 % multipliziert werden. Richtig sind: = D10*0,19 und = D10*B11/100

1 Eine Rechnung beläuft sich einschließlich Mehrwertsteuer auf 1 000 €.
Wie berechnet man den Rechnungsbetrag ohne Mehrwertsteuer (Nettopreis)? Kreuze an.

☐ 1 000 € – 19 € ☐ 1 000 € – 190 €

☐ 1 000 € : 0,19 ☐ 1 000 € : 1,19

2 Frau Weber notiert sich, bei welchem Kilometerstand sie wie viel Liter getankt hat und was ein Liter Diesel gekostet hat.

	A	B	C	D	E
1	**Kilometer**	**Liter**	**Preis pro Liter**	**Gesamtpreis**	**Verbrauch in Liter auf 100 km**
2	35000	35,7	1,46 €	52,12 €	xxx
3	35867	49,4	1,62 €		
4	36422	29,4	1,55 €		
5	37225	52,5	1,52 €		

a) Mit welcher Formel kann in Zelle D2 der Gesamtpreis berechnet werden?

____

Trage alle Gesamtpreise in Spalte D ein.

b) Berechne den durchschnittlichen Verbrauch auf 100 km zwischen jeweils zwei Tankstopps. Trage die Ergebnisse in die Tabelle ein.

c) Gib für Zelle E3 eine Formel zur Berechnung des Durchschnittsverbrauchs auf 100 km an.

____

3

	A	B	C
1	Verkäufe am 3. März		
2	**Anzahl**	**Einzelpreis**	**Gesamtpreis**
3	3	17,95 €	53,85 €
4	5	3,98 €	19,90 €
5	8	5,67 €	45,36 €
6			
7		Gesamt Netto	119,11 €
8		MwSt 19%	22,63 €
9		Gesamt Brutto	141,74 €

In dem abgebildeten Tabellenkalkulationsblatt kann man zu jeder eingegebenen Anzahl den jeweiligen Gesamtpreis Netto ablesen. Außerdem sieht man für alle verkauften Artikel den Gesamtpreis Netto und Brutto sowie die Mehrwertsteuer. Gib die möglichen Formeln in den Zellen an.

C3: ________________________

C7: ________________________

C8: ________________________

1 Löse die Gleichung.

a) $3x - 7 = 35$

b) $9 - 4x = 13$

c) $8 - (2x + 6) = 5x + 16$

d) $7\,(2 - 5x) = (9 - x) \cdot 5 - 1$

2 Stelle eine Gleichung auf und löse sie.

Für drei Schreibblöcke, eine Spitzmaschine (8,85 €) und acht Stifte bezahlt Paul 16,04 €. Ein Schreiblock kostet 1,25 €. Wie viel kostet ein Stift?

3 Löse das Zahlenrätsel mithilfe einer Gleichung.

a) Das Neunfache einer Zahl vermindert um 7 ergibt 47.

b) Addiert man zum dritten Teil einer Zahl 17, so erhält man 30.

c) Vermindert man das Achtfache einer Zahl um 9, so erhält man das Sechsfache der Zahl vermehrt um 3.

6 Aussagen (von S. 7)

http://nale.fi/rcbq

a) Welche der folgenden Sachtexte passen zu der Gleichung $x + (x - 4) = 60$? Kreuze jeweils an.

1	Vera ist vier Jahre jünger als Max. Zusammen sind sie 60 Jahre alt.	☐ Ja	☐ Nein
2	Eine Lostrommel enthält viermal so viele Nieten wie Gewinnlose. Insgesamt sind 60 Lose in der Trommel.	☐ Ja	☐ Nein
3	Familie Maier legt auf ihrer zweitägigen Radtour insgesamt 60 km zurück. Am zweiten Tag fahren sie 4 km weniger als am ersten Tag.	☐ Ja	☐ Nein
4	Ein 60 m² großer Saal wird mit Parkett ausgelegt. Länge und Breite des Raumes unterscheiden sich um 4 Meter.	☐ Ja	☐ Nein

b) Löse die Gleichung $x + (x - 4) = 60$.

a) (1): Max: x; Vera: $x - 4$
Gleichung $x + (x - 4) = 60$ ☒ **Ja**

(2): Gewinnlose: x; Nieten: 4x
Gleichung $x + 4x = 60$ ☒ Nein

(3): 1. Tag: x; 2. Tag : $x - 4$
Gleichung $x + (x - 4) = 60$ ☒ **Ja**

(4): Länge: x; Breite: $x - 4$
Gleichung $x \cdot (x - 4) = 60$ ☒ Nein

b) (1):
$$x + (x - 4) = 60$$
$$x + x - 4 = 60$$
$$2x - 4 = 60 \quad |+4$$
$$2x = 64 \quad |:2$$
$$\mathbf{x = 32}$$
Max ist 32 Jahre alt, Vera 28.

(2): Am 1. Tag legen sie 32 km zurück, am 2. Tag 28 km.

4 Welche Sachtexte passen zu der Gleichung $5x + 17 = 57$? Was gibt in diesen Fällen x an?

(1) Fünf Freunde gehen ins Kino. Sie kaufen Karten und anschließend Popcorn für 17 €. Insgesamt bezahlen sie 57 €.

(2) Frau May kauft 5 Flaschen Wein und 17 Flaschen Sekt. Sie bezahlt insgesamt 57 €.

(3) Ein 5 km langer Rundkurs für Crossräder wird x-mal durchfahren. Der Kurs liegt 17 km von Tannendorf entfernt. Es sind 57 Teilnehmer am Start.

(4) Ein Unternehmen soll 57 m³ Muttererde transportieren. Der große Lkw bringt pro Fahrt 17 m3, der kleine Lkw den Rest mit fünf Fahrten, jeweils voll beladen.

(5) Ein Rechteck ist 5 cm breit, seine Länge unbekannt. Wäre es 17 cm² größer, hätte es einen Flächeninhalt von 57 cm².

Funktionen

http://nale.fi/rfsq

7 Zuordnungen (von S. 7)

In welchen Graphen erkennst du proportionale (p) oder antiproportionale (a) Zuordnungen? Wo liegt keines von beiden (k) vor? Kreuze jeweils p, a oder k an.

a) 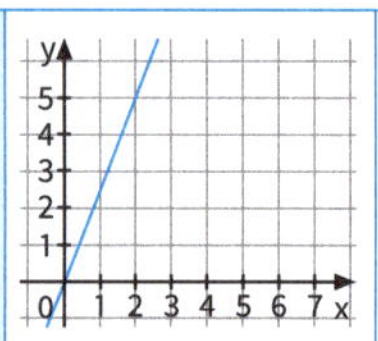
☒ p ☐ a ☐ k

b) 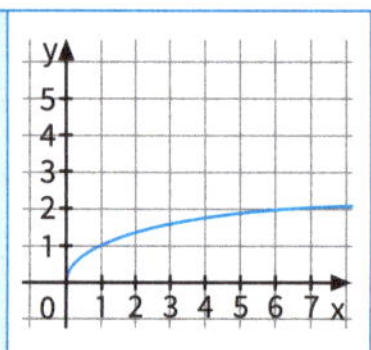
☐ p ☐ a ☒ k

c) 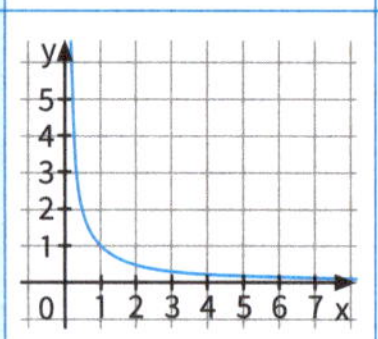
☐ p ☒ a ☐ k

d) 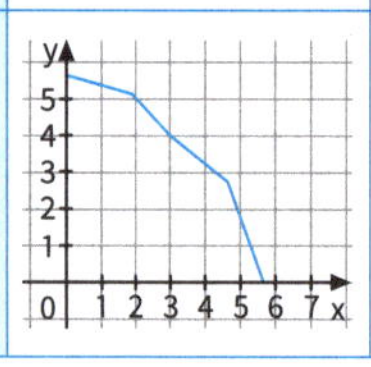
☐ p ☐ a ☒ k

Richtig anzukreuzen ist jeweils ...

a) ☒ **p (proportional),** da der Graph eine Gerade durch den Ursprung ist.

b) ☒ **k (keines von beiden),** da mit größer werdenden x-Werten auch die y-Werte ansteigen (damit nicht antiproportional), die Steigung aber nicht konstant ist, der Graph also keine Ursprungsgerade ist (damit nicht proportional).

c) ☒ **a (antiproportional),** da mit größer werdenden x-Werten die y-Werte abnehmen, wobei gilt: $x \cdot y = 1$. Der Graph ist eine Hyperbel.

d) ☒ **k (keines von beiden),** da der Graph weder eine Ursprungsgerade noch eine Hyperbel ist.

1 Ist die Zuordnung proportional? Begründe.

Zuordnung (A)

Anzahl	Preis (in €)
3	1,50
4	2,00
8	4,00

Zuordnung (B)

Zeit (h)	Weg (m)
2	1200
3	1800
5	2600

Zuordnung (A) ist ______________________, weil ____

Zuordnung (B) ist ______________________, weil ____

2 Vervollständige die Wertetabelle bei a) zur proportionalen Zuordnung und bei b) zur antiproportionalen Zuordnung.

a)

x	1,5	3
y	4,5	

b)

x	7,5	2,5
y	20	

3 Ein Band lässt sich in 20 jeweils 12 cm lange Stücke zerschneiden. Wie viele Stücke erhältst du, wenn jedes Stück 16 cm lang sein soll?

4 Ein Schiff legt eine Strecke von 16 km in 40 Minuten zurück. Welche Strecke legt das Schiff bei gleicher Durchschnittsgeschwindigkeit in 25, 5 und 120 Minuten zurück?

5 Skizziere zu den folgenden Beispielen jeweils den zugehörigen Graphen. Gib an, ob es sich um eine proportionale (p), konstante (k), antiproportionale (a) oder aber um eine lineare (l) Funktion, die nicht proportional ist, handelt.

1	Eier werden hartgekocht: *Anzahl Eier → Kochdauer (in min)*	**3**	10 km Autofahrt: *durchschnittliche Geschwindigkeit (in km/h) → Fahrdauer (in h)*
2	Taxifahrt mit 3 € Grundgebühr: *zurückgelegte Strecke (in km) → Fahrpreis (in €)*	**4**	Einkauf auf dem Markt: *Menge Kartoffeln (in kg) → Preis (in €)*

1) 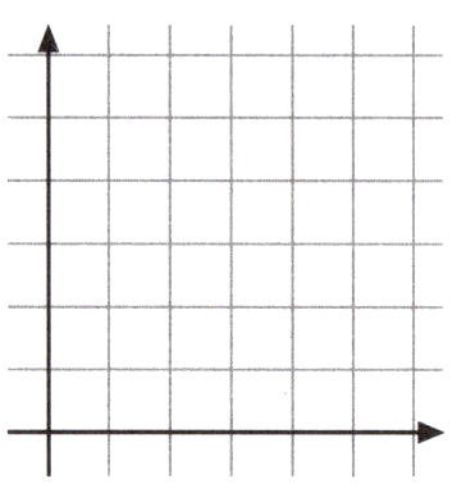
____

2) 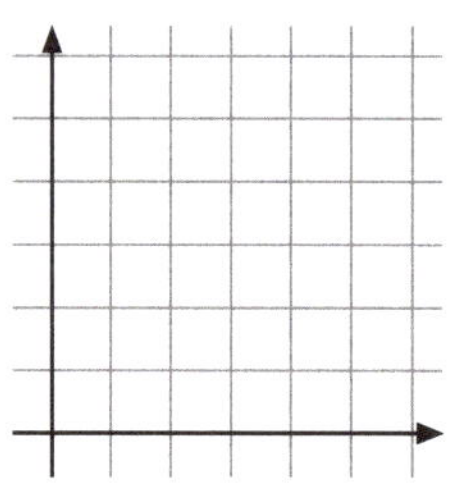
____

3) 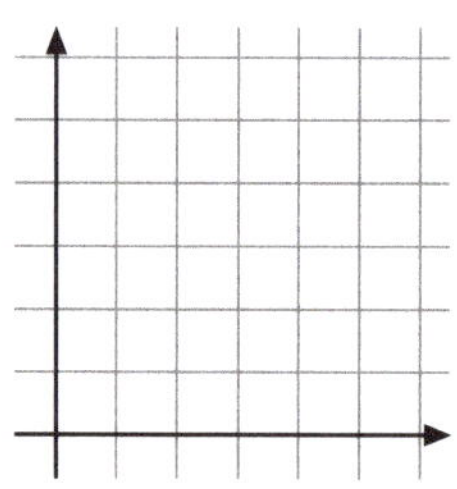
____

4) 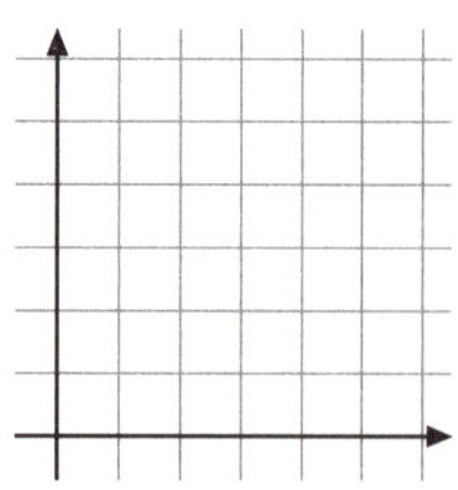
____

1 Bestimme die zum Graphen gehörende Funktionsgleichung.

a)
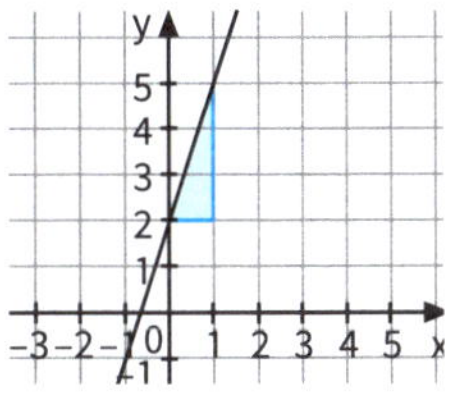

b)
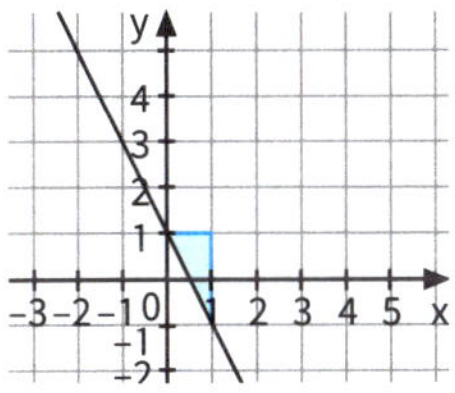

y= ____________ y= ____________

c)
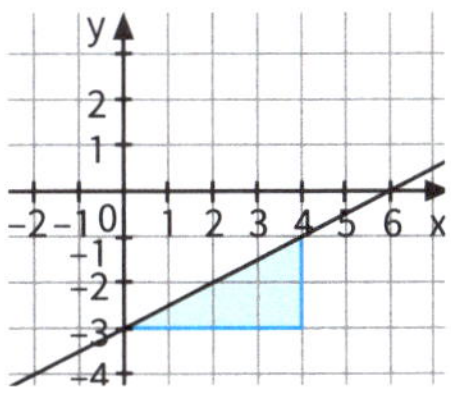

d)
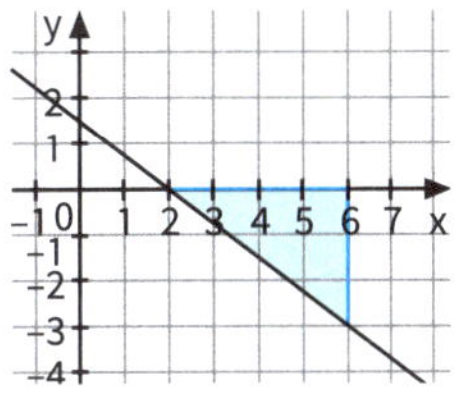

y= ____________ y= ____________

2 Zeichne in ein Koordinatensystem die Graphen zu den Funktionen
$y = \frac{1}{4}x + 3$ und $y = -x + 3$.
Gib die Koordinaten des Schnittpunkts S an.

S = (___|___)

3 Die lineare Funktion f verläuft durch die Punkte A(−2|5) und B(3|2,5).
Gib die Funktionsgleichung von f an.

f: y = ____________

4 a) Ordne jeder Parabel in der Abbildung rechts die passende Funktionsgleichung zu.

(1) $y = x^2 + 1$ → ____________

(2) $y = -x^2 + 2x - 1$ → ____________

(3) $y = 2x^2 + 1$ → ____________

(4) $y = 0{,}5x^2 - 2x - 4$ → ____________

b) Gib für jede Parabel die Koordinaten ihres Scheitelpunkts an.

S_1 (___|___) S_3 (___|___)

S_2 (___|___) S_4 (___|___)

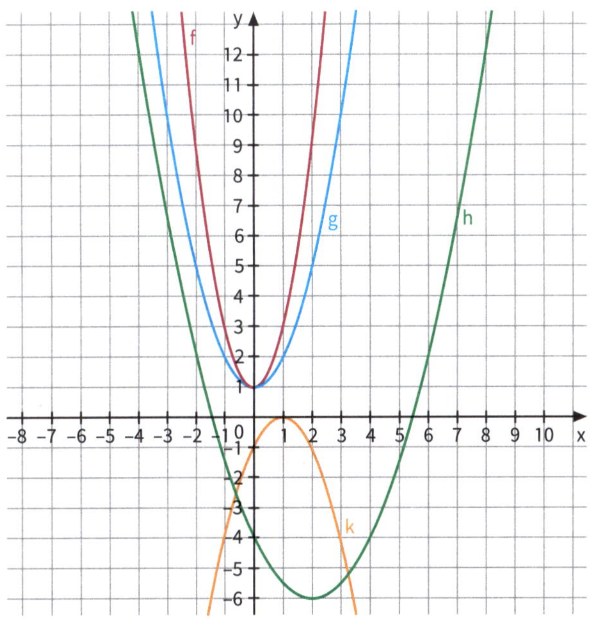

5 a) Erstelle jeweils eine Wertetabelle für x = −3, −2, ... , 2, 3 zu der quadratischen Funktion.

(1) $y = x^2 - 3$ (2) $y = -x^2 + 2x - 6$

b) Zeichne den Graphen und gib jeweils den Scheitelpunkt an. S_1 (___|___) S_2 (___|___)

8 Gleichungen und Graphen (von S. 8)

Ordne den Graphen (g_1, g_2, … g_6) die zugehörige Funktionsgleichung zu. Zwei Gleichungen passen zu keinem Graphen.

	$y = -0{,}5x^2$
	$y = x - 2$
	$y = -x - 2$
	$y = x^2 + 2x + 2$

	$y = -2x^2$
	$y = 2x^2$
	$y = -x + 2$
	$y = 0{,}5x^2$

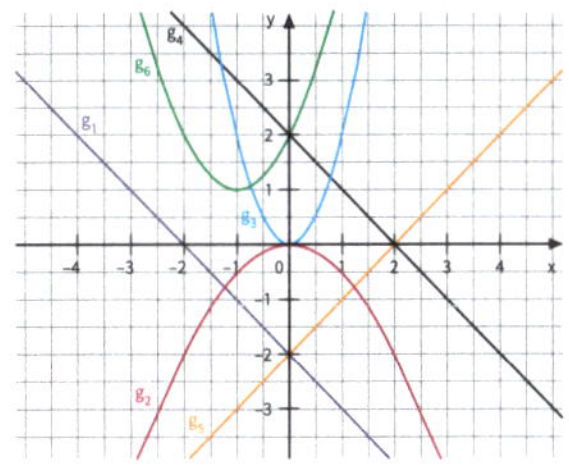

http://nale.fi/wkar

http://nale.fi/qavh

g_1, g_4 und g_5 haben Geradengleichungen der Form $y = mx + n$. Sie steigen bei $m > 0$ und fallen bei $m < 0$; der y-Achsenabschnitt ist n.

Also gilt:
g_1: $y = -x - 2$; g_4: $y = -x + 2$; g_5: $y = x - 2$

g_2, g_3 und g_6 haben Parabelgleichungen der Form $y = ax^2 + bx + c$. Sie schneiden die y-Achse bei c; für $b = 0$ liegt der Scheitelpunkt auf der y-Achse.
Für $a > 0$ ist die Parabel nach oben geöffnet, für $a < 0$ nach unten geöffnet.
Für $|a| > 1$ ist sie enger als die Normalparabel (gestreckt), für $0 < |a| < 1$ ist sie breiter als die Normalparabel (gestaucht).

Also gilt:
g_2: $y = -0{,}5x^2$; g_3: $y = 2x^2$; g_6: $y = x^2 + 2x + 2$

http://nale.fi/ktvw

9 Parabeln in versch. Darstellungen (von S. 8)

Eine Parabel hat den Scheitelpunkt S (3 | – 15) und ist gegenüber der Normalparabel um den Faktor a = 2 gestreckt. Gib die Scheitelpunktform der Parabel an und wandle diese in die allgemeine Form um.

Eine Parabel mit dem Scheitelpunkt S (e | f) wird durch die Scheitelpunktform $f(x) = a\,(x - d)^2 + e$ beschrieben.
Um die gesuchte Scheitelpunktform aufzustellen, notierst du dir am besten erstmal alle gegebenen Werte.
Aus S (3 | – 15) folgt: d = 3 und e = – 15
Zudem ist der Faktor a gegeben: a = 2
Diese Werte setzt du in die Scheitelpunktform ein: $\mathbf{f(x) = 2\,(x - 3)^2 - 15}$
Die allgemeine Form der quadratischen Funktion erhältst du dann, indem du die Gleichung umformst:

$f(x) = 2\,(x - 3)^2 - 15$ | bin. Formel anwenden
$f(x) = 2\,(x^2 - 6x + 9) - 15$ | ausmultiplizieren
$f(x) = 2x^2 - 12x + 18 - 15$ | zusammenfassen
$\mathbf{f(x) = 2x^2 - 12x + 3}$

1 Eine Parabel hat den Scheitelpunkt S (2 | – 3) und ist gegenüber der Normalparabel um den Faktor a = 0,5 gestaucht.
Gib die Scheitelpunktform der Parabel an und wandle diese in die allgemeine Form um.

Scheitelpunktform: ______________________

allgemeine Form: ______________________

TIPP

Mit der quadratischen Ergänzung bringst du den Funktionsterm $y = ax^2 + bx + c$ in die Scheitelpunktform $f(x) = a\,(x - d)^2 + e$.

2 Forme die Gleichung der quadratischen Funktion in die Scheitelpunktform um und gib die Koordinaten des Scheitelpunkts an.

a) $y = x^2 + 4x + 1$ S (___ | ___)

b) $y = 2x^2 - 20x + 2$ S (___ | ___)

c) $y = -0{,}5x^2 + 8x + 4$ S (___ | ___)

d) $y = -4x^2 - 12x + 2$ S (___ | ___)

3 Eine Parabel wird durch die Gleichung $f(x) = -1{,}5\,(x + 4)^2 + 8$ beschrieben.

a) Gib ihren Scheitelpunkt an. S (___ | ___)

b) Beschreibe, wie man die Parabel mit der o. g. Gleichung aus der Normalparabel gewinnen kann.

____

____

____

____

TIPP

Eine *Parabel* mit dem Scheitelpunkt S (d | e) wird durch die Scheitelpunktform $f(x) = a\,(x - d)^2 + e$ beschrieben. Am Faktor a kannst du erkennen, ob die Parabel gestreckt oder gestaucht und nach oben oder unten geöffnet ist.

c) Wandle die Scheitelpunktform in die allgemeine Form um. ______________________

4 Lukas behauptet, dass diese drei Gleichungen dieselbe Funktion beschreiben:

Überprüfe rechnerisch, ob Lukas recht hat.

(1) $f(x) = (x - 1{,}5)^2 - 20{,}25$

(2) $g(x) = x^2 - 3x - 18$

(3) $h(x) = (x + 3) \cdot (x - 6)$

5 Gib den Scheitelpunkt der angegebenen Funktion an, dann bestimme – wie im Beispiel – ihre Nullstellen.

a) $y = (x - 2)^2 - 1$

b) $y = (x + 4)^2 - 16$

c) $y = 0{,}5\,(x + 4)^2 - 8$

d) $y = -2{,}5\,(x + 1)^2 + 10$

$y = (x + 3)^2 - 4$ S(–3 | –4)

$$(x + 3)^2 - 4 = 0$$
$$(x + 3)^2 = 4$$
$$x + 3 = \sqrt{4} \text{ oder } x + 3 = -\sqrt{4}$$
$$x + 3 = 2 \qquad x + 3 = -2$$
$$x_1 = -1 \qquad x_2 = -5$$

1 Welcher Graph passt zu der Sachsituation?

(A) Eine Ferienwohnung kostet pro Tag 45 €. Unabhängig von der Mietdauer werden für die Endreinigung 30 € verlangt.

(B) Die Busreise von Köln nach Prag kostet pro Person 45 €.

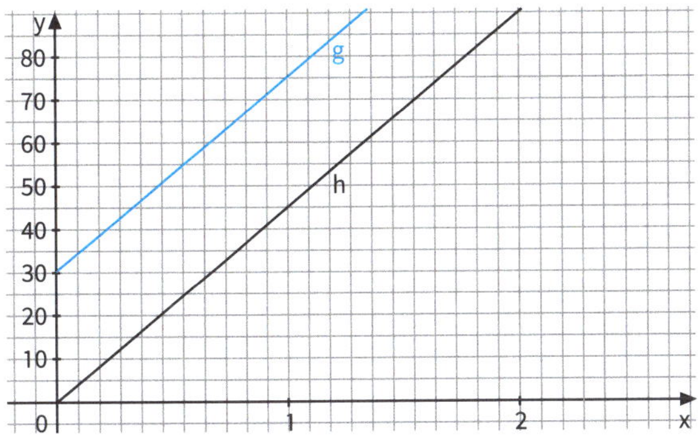

Situation A: ________ Situation B: ________

2 Die im Koordinatensystem dargestellte Funktion gibt den Zusammenhang zwischen der Futtermenge und der Zeit an.

a) Wie viel Kilogramm Futter sind zu Beginn vorhanden?

____

b) Nach wie vielen Tagen ist die Futtermenge aufgebraucht?

____

c) Bestimme die Funktionsgleichung.

____

3 Zeichne die Graphen der linearen Funktionen $y = -3x + 4$ und $y = 4x - 3$ in ein Koordinatensystem.
Gib die Koordinaten des Schnittpunkts der beiden Graphen an. S (___|___)

10 Lineare Funktion – Füllmenge (von S. 8)

Die im Koordinatensystem dargestellte Funktion stellt den Zusammenhang zwischen der Füllmenge in einem Bewässerungstank und der Zeit dar.

a) Wie viel Liter Wasser sind am Anfang im Tank?

b) Bestimme, um wie viel Liter pro Minute die Wassermenge abnimmt.

c) Gib die Funktionsgleichung an.

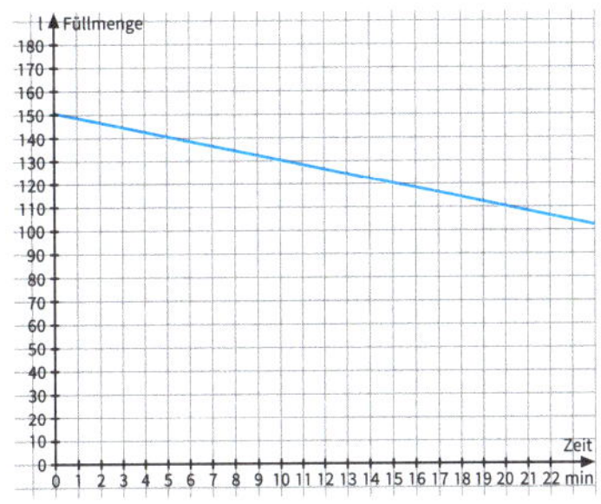

http://nale.fi/xthp

Zu a)
Der Graph schneidet die y-Achse an der Stelle 150. Am Anfang sind **150 *l*** im Tank.

Zu b)
Wir suchen uns zwei Punkte, deren Koordinaten gut ablesbar sind, z. B. A (0 | 150) und B (15 | 120).
Aus den Koordinaten lesen wir ab:
In 15 Minuten nimmt die Füllmenge um 30 *l* ab.
In 1 Minute nimmt sie dann um **2 *l*** (= 30 *l* : 15) ab.

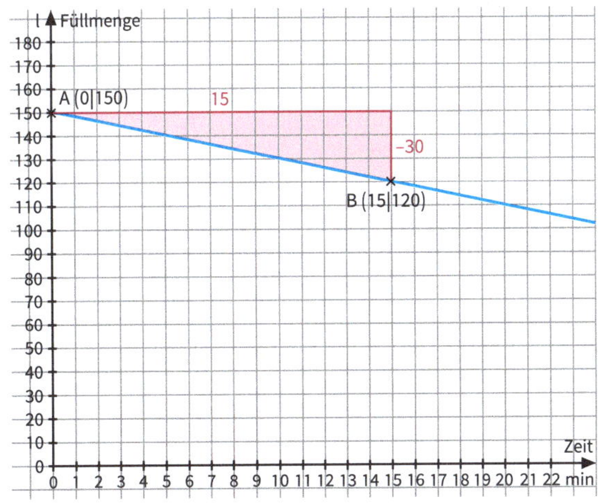

Zu c)
Bei der allgemeinen Funktionsgleichung $y = mx + n$ gibt m die Steigung des Graphen an und n den y-Achsenabschnitt.
In diesem Beispiel ist $n = 150$.
Da der Graph fällt, ist $m = -\frac{30}{15} = -2$.
Die Funktionsgleichung lautet also:
$\mathbf{y = -2x + 150}$

http://nale.fi/mkhe

11 Exponentielles Wachstum (von S. 8)

Eine Stadt hat 42 000 Einwohner. Es wird damit gerechnet, dass die Einwohnerzahl in den nächsten fünf Jahren jährlich um 2 % zunimmt.
Berechne, wie viele Einwohner die Stadt in fünf Jahren voraussichtlich haben wird.

Die voraussichtliche Entwicklung der Einwohnerzahl soll jährlich 2 % betragen, die Anfangsgröße beträgt 42 000.
Es handelt sich um ein exponentielles Wachstum mit $q = 1 + 2\,\% = 1 + \frac{2}{100} = 1{,}02$.
Die berechneten Werte müssen auf die Einerstelle gerundet werden, da Einwohnerzahlen stets natürliche Zahlen sind.

1. Lösungsweg:

Jahr	0	1	2	3	4	5
Größe	42 000	42 840	43 696,8	44 570,74	45 462,15	46 371,39

· 1,02   · 1,02   · 1,02   · 1,02

Nach 5 Jahren hat die Stadt voraussichtlich **46 371** Einwohner.

2. Lösungsweg:
Wenn die Werte einer exponentiell zu- oder abnehmenden Größe über mehrere Schritte hinweg berechnet werden, kann man auch Potenzen des Wachstumsfaktors q verwenden.
Hat die Größe den Anfangswert G, dann gilt für den Wert G_n (nach n Schritten):

$$G_n = G \cdot \underbrace{q \cdot \ldots \cdot q}_{n\text{-mal}} = G \cdot q^n$$

$G = 42\,000 \quad q = 1{,}02 \quad n = 5$

$G_5 = 42\,000 \cdot 1{,}02^5 \approx 46\,371$

Nach 5 Jahren hat die Stadt voraussichtlich **46 371** Einwohner.

4 Elifs Familie hat am Tag ihrer Geburt 2 000 € auf ein Bankkonto gelegt. Das Kapital wird seither jährlich mit 2,5 % verzinst.
Bestimme mithilfe des Wachstumsfaktors q, auf welchen Betrag das Guthaben an Elifs 18. Geburtstag angewachsen ist.

1 In einer Bakterienkultur wurden 20 000 Bakterien gezählt. Ihre Anzahl nimmt pro Stunde um 4 % zu. Berechne mithilfe der Tabelle die Anzahl von Bakterien, die nach 4 Stunden zu erwarten sind. Runde sinnvoll.

Stunde	0	1	2	3	4
Anzahl	20 000				

Antwort: ______________________________

____

TIPP

Aus einer Prozentangabe p % lässt sich der Wachstumsfaktor q bestimmen.
– bei exponentieller Zunahme: $q = 1 + p\,\% = 1 + \frac{p}{100}$
– bei exponentieller Abnahme: $q = 1 - p\,\% = 1 - \frac{p}{100}$

2 Ergänze die Wertetabellen so, dass exponentielles Wachstum vorliegt.

a)

x	17	18	19	20
y			3	5

b)

x	1	2	3	4
y		12	18	

3 Aus einer Kleinstadt mit 12 000 Einwohnern wandern pro Jahr etwa 2 % in die Großstadt ab. Erläutere, was mit dem Term $12\,000 \cdot 0{,}98^8$ berechnet wird.

____

____

____

TIPP

Eine Anfangsgröße G ändert sich *exponentiell*, wenn sich ihr Wert in gleichen (zeitlichen) Abständen immer um denselben Faktor q ändert.

5 Ein 100 m² großer See ist zur Hälfte mit Seerosen bedeckt. Die Seerosenfläche vergrößert sich in einem Monat um 5 %.
Bestimme, nach wie vielen Monaten der gesamte See von Seerosen bedeckt ist.

Geometrie

1 Ein Rechteck hat einen Umfang von 18 cm. Wie breit und wie lang könnte es sein? Gib alle ganzzahligen Möglichkeiten an.

Breite	Länge

2 Ein Baugrundstück ist rechteckig und hat die Maße 32 m x 24 m.

a) Wie viel Quadratmeter ist es groß?

b) Wie teuer ist das Grundstück, wenn ein Quadratmeter 75 € kostet?

12 Rechteck (von S. 9)

Ein Rechteck ist 8 cm lang und hat einen Umfang von 30 cm. Wie groß ist sein Flächeninhalt?

http://nale.fi/hkrc

Skizze:

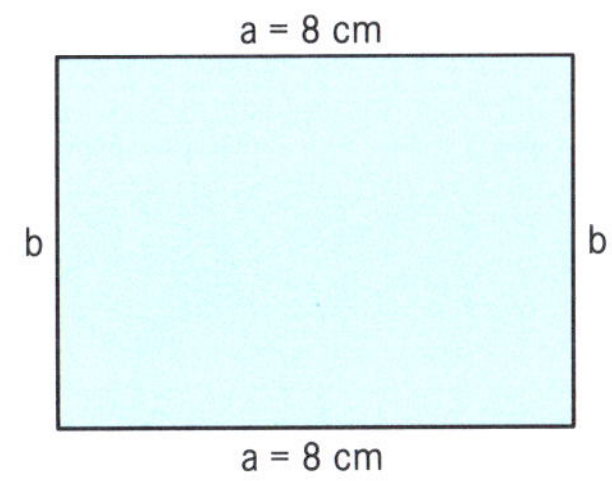

Gegeben:
Länge einer Rechteckseite: a = 8 cm
Umfang des Rechtecks: u = 2a + 2b = 30 cm
Gesucht: Flächeninhalt A des Rechtecks
Um A = a · b zu ermitteln, wird die Länge der zweiten Rechteckseite b benötigt.

$u = 2 \cdot a + 2 \cdot b$
$30\text{ cm} = 2 \cdot 8\text{ cm} + 2b$
$30\text{ cm} = 16\text{ cm} + 2b \quad | -16\text{ cm}$
$14\text{ cm} = 2b \quad | :2$
$7\text{ cm} = b$

$A = a \cdot b$
$A = 8\text{ cm} \cdot 7\text{ cm}$
$\mathbf{A = 56\ cm^2}$

3 Ein Rechteck ist 7 cm breit und 3 cm länger als breit. Berechne Flächeninhalt und Umfang dieses Rechtecks.

A = ______________________________

u = ______________________________

4 Ein alter Sportplatz wird umgebaut. Im rot gefärbten Teil wird ein Bolzplatz mit einem Kunststoffboden angelegt. Auf dem restlichen Teil des alten Platzes wird Rasen gesät.

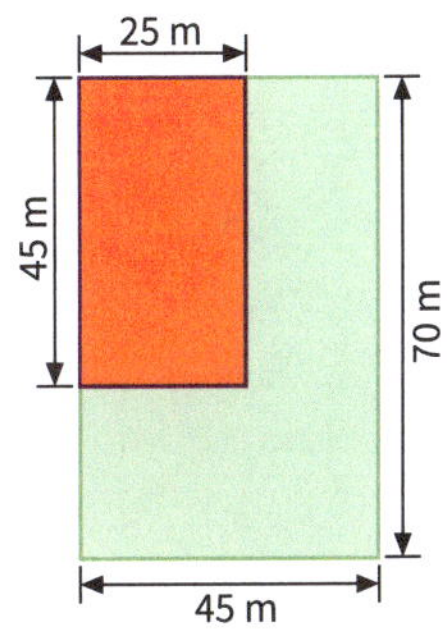

a) Der Bolzplatz wird von einem hohen Drahtzaun eingefasst. An drei Stellen im Zaun sind ein Meter breite Türen eingelassen.
Wie viel Meter Drahtzaun werden benötigt?

______________ m

b) Berechne, wie viel Quadratmeter Kunststoffboden benötigt werden.

______________ m^2

c) Ein Sack mit 25 kg Rasensamen reicht für 800 m^2. Ermittle, wie viele Säcke Rasensamen für den neuen Rasen gekauft werden müssen.

______________ Säcke

http://nale.fi/uosw

13 Dreieck im Koordinatensystem (von S. 9)

a) Gib die Koordinaten der Punkte P, Q, R an.
b) Welchen Flächeninhalt hat das Dreieck PQR?
c) Trage den Punkt S (4|4) in das Koordinatensystem ein. Wie heißt die Figur PQRS?
d) Bestimme den Flächeninhalt der Figur PQRS.

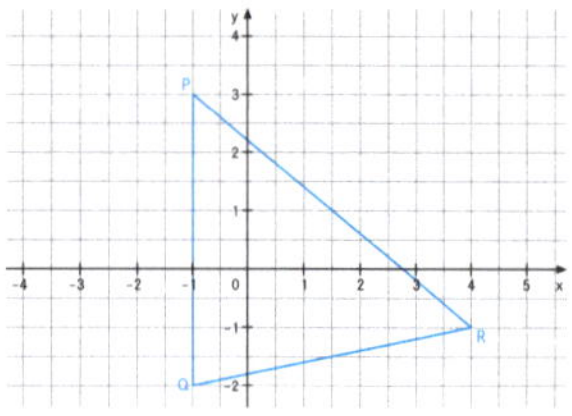

Zu a)
P (−1 | 3); Q (−1 | −2); R (4 | −1)

Zu b)
$g = 5\text{ cm};\ h = 5\text{ cm} \rightarrow A = \frac{5\text{ cm} \cdot 5\text{ cm}}{2} = \mathbf{12{,}5\ cm^2}$

Zu c)
Die Figur PQRS ist ein **Parallelogramm**.

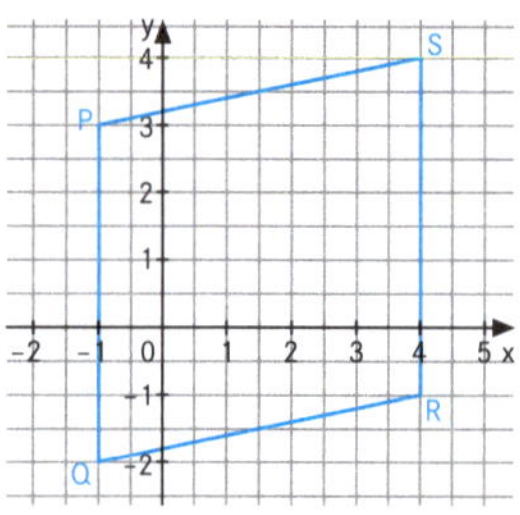

Zu d)
$A = g \cdot h$
$A = 5\text{ cm} \cdot 5\text{ cm}$
$\mathbf{A = 25\ cm^2}$

1 Zeichne das Dreieck ABC mit A (−3 | 3,5), B (−3 | 0) und C (3 | 1) in das Koordinatensystem mit der Einheit 1 cm.

a) Welchen Flächeninhalt hat das Dreieck?

b) Finde einen vierten Punkt D so, dass das Viereck ABDC ein Parallelogramm ist. Gib die Koordinaten des Punktes D an.

c) Welchen Flächeninhalt hat das Viereck ABDC?

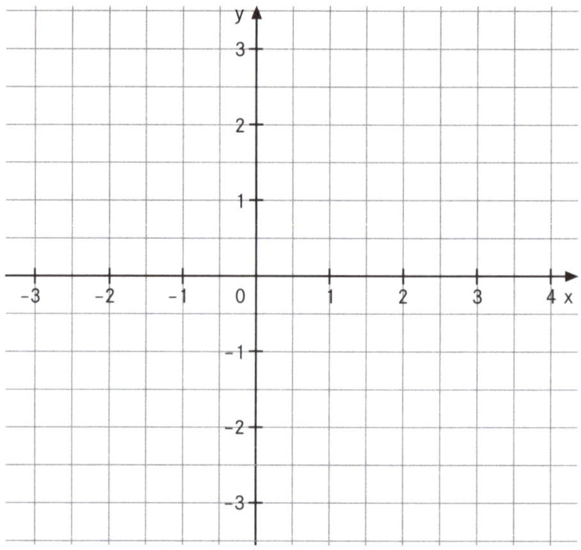

2 Trage die Punkte A (−3 | 1), B (4 | 1) und C (4 | 4) in das Koordinatensystem ein und verbinde sie zu einem Dreieck.

a) Berechne den Flächeninhalt des Dreiecks.

____

b) Markiere den Mittelpunkt M der Seite $\overline{BC}$. Gib die Koordinaten des Punktes M an.

____

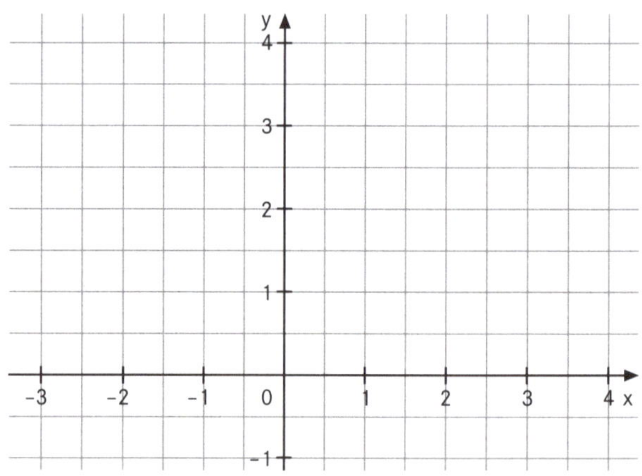

c) Zeichne durch den Punkt M die Parallele zu $\overline{AB}$. Sie trifft $\overline{AC}$ im Punkt D.
Wie heißt das Viereck ABMD? ____________________
Berechne seinen Flächeninhalt.

____

3 Zeichne das Dreieck ABC mit A (−2 | −2), B (5 | 2) und C (−2 | 2) in ein Koordinatensystem (1 LE ≙ 1 cm).

a) Spiegle den Punkt C an der Geraden AB und gib die Koordinaten des Spiegelpunkts C′ an.

C′ (___ | ___)

b) Wie heißt das Viereck AC′BC? Berechne seinen Umfang und seinen Flächeninhalt.

1 Der Boden eines quaderförmigen Aquariums hat die Innenmaße 8 dm x 4,5 dm. Das Aquarium ist 6 dm hoch und bis 5 cm unter den Rand gefüllt.
Wie viel Liter Wasser befinden sich in diesem Aquarium?

TIPP

Volumen
Die Umwandlungszahl ist 1000.
$1000\ mm^3 = 1\ cm^3$
$1000\ cm^3 = 1\ dm^3$
$1000\ dm^3 = 1\ m^3$
$1\ dm^3 = 1\ l$ $\quad$ $1\ l = 1000\ ml$
$1\ cm^3 = 1\ ml$

14 Umzug (von S. 9)

Für den Transport von 90 Umzugskartons sucht Familie Meyer bei einer Leihfirma ein geeignetes Fahrzeug. Ein Karton hat folgende Abmessungen (in mm):
600 x 330 x 340.
Es stehen Transporter mit einem Ladevolumen von $5{,}8\ m^3$ und $9{,}5\ m^3$ zur Auswahl. Welchen Transporter würdest du empfehlen? Begründe rechnerisch.

Zunächst muss das Volumen eines Kartons berechnet werden.
Für Quader gilt die Volumenformel:
V = Länge · Breite · Höhe
V = 600 mm · 330 mm · 340 mm
V = 0,6 m · 0,33 m · 0,34 m
$V = 0{,}06732\ m^3$
90 Kartons haben das Volumen:
$90 \cdot 0{,}06732\ m^3 = 6{,}0588\ m^3$
Zu empfehlen ist der Transporter mit dem **Ladevolumen von 9,5 m³.**

http://nale.fi/eddw

2 Berechne das Volumen und den Oberflächeninhalt des Quaders. Entnimm die benötigten Maße aus dem abgebildeten Quadernetz.

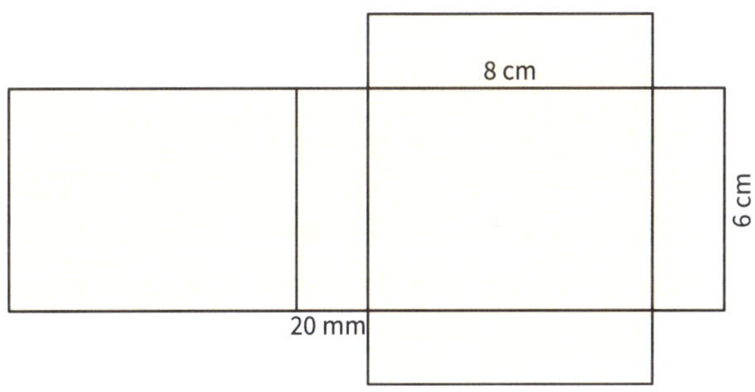

V = ____________ cm^3 O = ____________ cm^2

3 Ein Quader ist 0,7 m lang, 20 cm breit und 30 mm hoch.
Bestimme das Volumen des Quaders (in cm^3).

V = ______________________

4 Ein Schwimmbecken ist 25 m lang und verfügt über acht Bahnen von je 1,50 m Breite. Es ist an allen Stellen gleich tief und fasst $750\ m^3$ Wasser. Wie tief ist es?

____

5 Ein Quader ist doppelt so lang wie breit und dreimal so hoch wie breit. Sein Volumen beträgt $48\ cm^3$. Wie breit ist der Quader?

b = ____________ cm

6 Eine Baugrube ist 4 m lang, 2,50 m breit und 1,80 m tief.

a) Wie viel Kubikmeter Erde mussten ausgehoben werden? ______________________

b) Ein Kubikmeter Erde wiegt 1700 kg. Berechne die Masse des Erdaushubs in Tonnen.

____

http://nale.fi/apqg

15 Zylinder (von S. 9)

a) Skizziere das Netz eines Zylinders.

b) Ein Zylinder hat eine Grundfläche mit dem Radius 14 cm und ist 8 cm hoch.
Bestimme den Oberflächeninhalt des Zylinders gerundet auf ganze cm^2.

Zu a)

Netz:

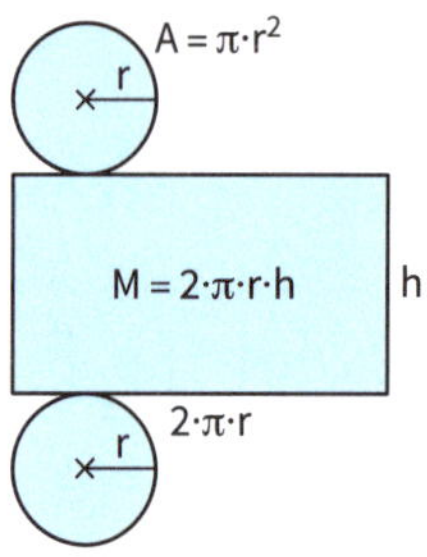

Die Länge der Mantelfläche entspricht dem Kreisumfang $2 \cdot \pi \cdot r$.

Zu b)

$O = 2 \cdot \pi \cdot r^2 + 2 \cdot \pi \cdot r \cdot h$

$O = 2 \cdot \pi \cdot (14\ cm)^2 + 2 \cdot \pi \cdot 14\ cm \cdot 8\ cm$

$O = 2 \cdot \pi \cdot 196\ cm^2 + 2 \cdot \pi \cdot 112\ cm^2$

$\mathbf{O \approx 1935\ cm^2}$

1 Der Mittelkreis eines Fußballfeldes hat einen Radius von 9,15 m. Berechne seinen Umfang und seinen Flächeninhalt.

u = ____________

A = ____________

2 Die Reifen von Laras Fahrrad haben einen Durchmesser von 26 Zoll. (1 Zoll = 2,54 cm)

a) Welchen Umfang hat ein Reifen?

u = ____________

b) Lara fährt 4,6 km zur Schule. Bestimme, wie oft sich dabei jeder der beiden Reifen dreht.

____

3 a) Zeichne das Netz des abgebildeten Zylinders.

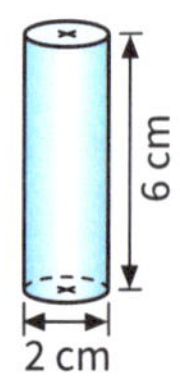

b) Berechne den Flächeninhalt seines Mantels und seiner Oberfläche.

M = ____________ cm^2 O = ____________ cm^2

c) Berechne sein Volumen in Litern. V = ____________ *l*

4 Abgebildet ist der Mantel eines 8 cm hohen Zylinders.
Berechne Durchmesser und Volumen des Zylinders.

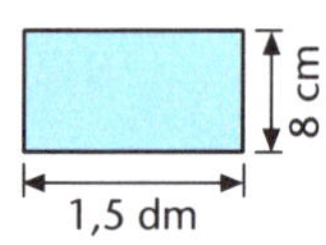

d = ____________ cm V = ____________ cm^3

5 Familie Meier kauft einen Pool für den Garten. Er hat einen Durchmesser von 3,05 m und eine Höhe von 76 cm.

a) Berechne die Größe der Bodenfläche. G = ____________

b) Der Pool wird bis 6 cm unter den oberen Rand mit Wasser gefüllt.
1 m^3 Wasser kostet 1,68 €.

Wie teuer wird eine Poolfüllung? ____________

6 Eine Dose Suppe hat einen Durchmesser von 10,4 cm und eine Höhe von 12 cm.

a) Auf der Banderole (Dosenmantel) ist ein Inhalt von 1 000 ml angegeben. Überprüfe, ob diese Angabe zutrifft.

b) Berechne, wie viel Quadratmeter Papier man zur Herstellung von 50 000 Banderolen braucht.

1 Berechne x.

a)

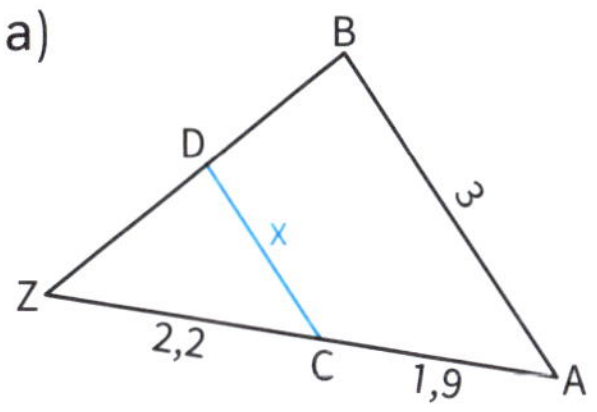

x = ______________

b)

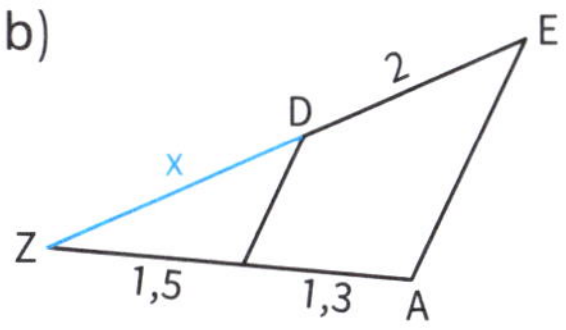

x = ______________

TIPP

Zentrische Streckung
Wenn die Geraden parallel sind, dann ist das Verhältnis entsprechender Strecken immer gleich.

2 Fins Augenhöhe beträgt 1,75 m. Er peilt über den Stab die Spitze des Hausdaches an.
Wie hoch ist das Haus?

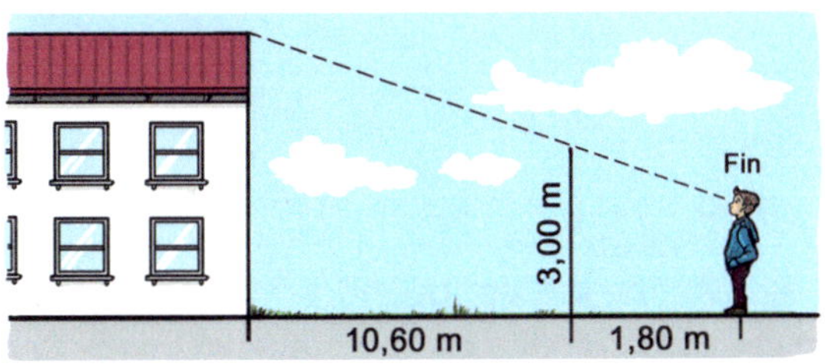

16 Buchstaben-Design (von S. 10)

http://nale.fi/bwak

Emil entwirft neue Schriftarten für den Computer. Er beginnt mit dem Buchstaben A (siehe Abbildung rechts). Den noch fehlenden Querstrich möchte er so einzeichnen, dass er

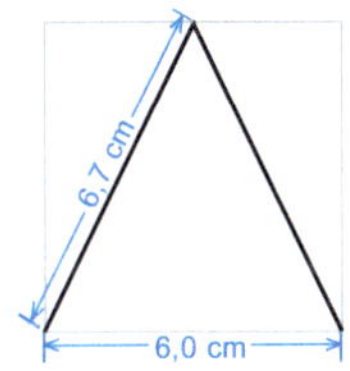

- $\frac{1}{3}$ der unteren Breite des Buchstabens als Länge hat und
- parallel zum Boden verläuft.

Berechne, wo Emil den Querstrich einzeichnen muss. Zeichne den Buchstaben auf ein extra Blatt. Zeichne den Querstrich ein und überprüfe an der Zeichnung deine Berechnung.

Gesucht ist $\overline{SC}$ bzw. $\overline{SD}$. Da die beiden Strecken $\overline{CD}$ und $\overline{AB}$ parallel zueinander verlaufen, kann man den Strahlensatz anwenden.

$\overline{CD} = \frac{1}{3} \cdot \overline{AB} = \frac{1}{3} \cdot 6\text{ cm} = 2\text{ cm}$

Mit Strahlensatz:

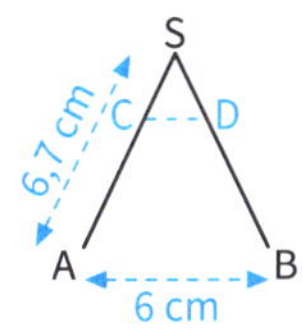

$$\frac{\overline{SC}}{\overline{SA}} = \frac{\overline{CD}}{\overline{AB}}$$

$$\frac{\overline{SC}}{6{,}7\text{ cm}} = \frac{2\text{ cm}}{6\text{ cm}} \quad | \cdot 6{,}7\text{ cm}$$

$$\overline{SC} = \frac{2\text{ cm} \cdot 6{,}7\text{ cm}}{6\text{ cm}}$$

$$\overline{SC} = 2{,}2\overline{3}\text{ cm}$$

Wenn man genau gezeichnet hat, sollte man in der Zeichnung ungefähr **2,2 cm als Länge** der Strecke messen.

3 Es gilt: $\overline{XY}$ ist parallel zu $\overline{VW}$ und $\frac{1}{3}\overline{UX} = \overline{UV}$.
Welche der folgenden Gleichungen ist richtig? Begründe deine Antwort.

☐ $\frac{1}{3}\overline{VW} = \overline{XY}$ ☐ $\overline{VW} = 3 \cdot \overline{XY}$ ☐ $\overline{VW} \cdot \overline{XY} = \frac{1}{3}$ ☐ $3 \cdot \overline{VW} = \overline{XY}$

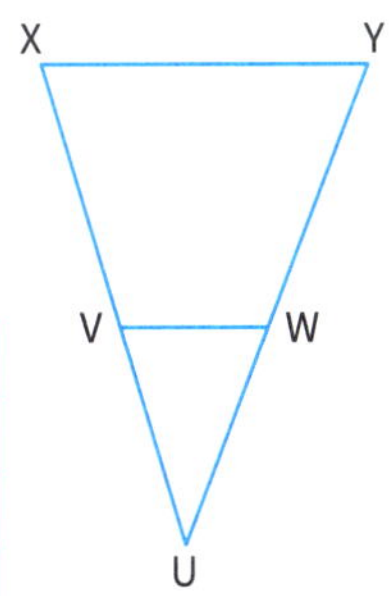

4 Hanna ist 1,50 m groß und wirft einen 1,20 m langen Schatten. Der neben ihr laufende Sebastian hat zum gleichen Zeitpunkt einen Schatten von 1,45 m.
Wie groß ist Sebastian?

http://nale.fi/ykws

17 Drachen (von S. 10)

Sven hat einen Drachen gebaut. Die beiden kürzeren Seiten a und b sind jeweils 25 cm lang und schließen einen rechten Winkel ein. Die Längen der beiden Diagonalen e und f verhalten sich wie 2 : 3.

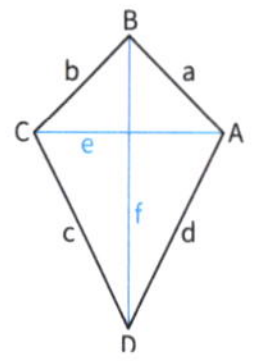

a) Berechne die Längen der beiden Diagonalen.

b) Rund um den Drachen wurde eine Schnur gespannt. Wie lang ist sie?

Zu a)

In dem Teildreieck ABC ist bei B ein rechter Winkel; a und b sind die Katheten und e ist die Hypotenuse. Es gilt der Satz des Pythagoras: $a^2 + b^2 = e^2$.

$(25\text{ cm})^2 + (25\text{ cm})^2 = e^2$

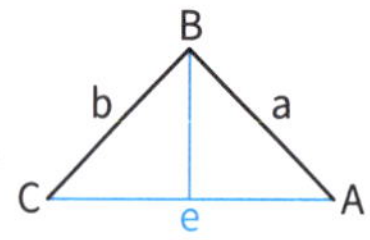

$e^2 = 1250\text{ cm}^2 \rightarrow$ **$e \approx 35{,}36$ cm**

Das Seitenverhältnis von e zu f beträgt 2 : 3, d. h., f ist 3-mal so lang wie $\frac{e}{2}$, also

$f = 3 \cdot \frac{e}{2} = 3 \cdot 17{,}68\text{ cm}$ **$f = 53{,}04$ cm.**

Zu b)

Die Längen der Seiten a und b des Drachens sind bereits gegeben. Zu berechnen ist noch die Länge der Seite c.

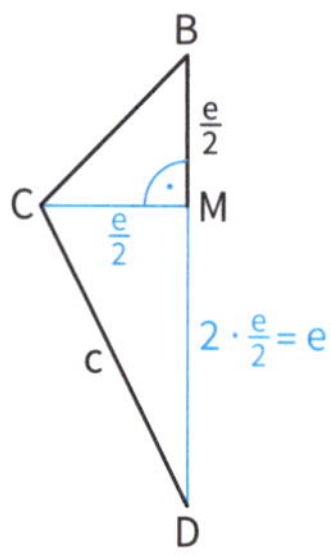

$\overline{BM} = \frac{e}{2}$, weil BCM ein gleichschenkliges Dreieck mit den Basiswinkeln 45° ist. $\overline{DM}$ ist doppelt so lang wie $\overline{BM}$.

Die Längen der Katheten im Dreieck CDM sind $\frac{e}{2}$ und $2 \cdot \left(\frac{e}{2}\right) = e$. Nach dem Satz des Pythagoras gilt damit: $c^2 = \left(\frac{e}{2}\right)^2 + e^2$

$c^2 = (17{,}68\text{ cm})^2 + (35{,}36\text{ cm})^2 = 1562{,}912\text{ cm}^2$

$c \approx 39{,}53$ cm

Die Länge der Schnur entspricht dem Umfang des Drachenvierecks:

$u = 2 \cdot 25\text{ cm} + 2 \cdot 39{,}53\text{ cm} \approx 129$ cm.

Die Schnur rund um den Drachen ist ungefähr **130 cm lang.**

1 Formuliere für die folgenden Dreiecke zuerst den Satz des Pythagoras mit den gegebenen Bezeichnungen und berechne dann die fehlende Seitenlänge.

a)

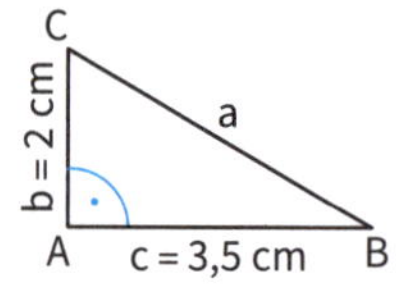

b)

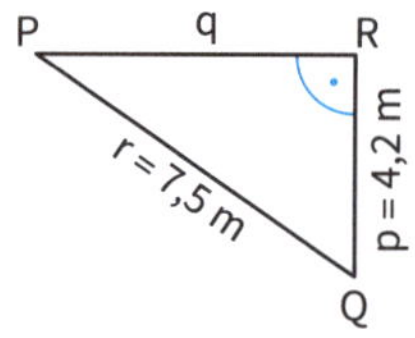

2 Überprüfe mit einer Rechnung, ob das Dreieck ABC mit a = 5 cm, b = 12 cm und c = 13 cm rechtwinklig ist.

3 Die Punkte A (5 | 2), B (1 | – 1) und C (5 | – 4) und D sind die Eckpunkte einer Raute.

a) Zeichne die Raute und gib die Koordinaten von D an.

D(___ | ___)

b) Berechne den Umfang und den Flächeninhalt der Raute.

u = __________; A = __________

4 Der Bildschirm eines Fernsehgeräts ist 121,2 cm breit und 68,2 cm hoch. Berechne die Länge der Bildschirmdiagonalen in cm und in Zoll. (1 Zoll = 2,54 cm)

____

____

5 Lara muss für eine Flugreise ihre Trekkingstöcke in den Koffer packen. Zusammengeschoben sind die Stöcke 70 cm lang, ihr Koffer hat die Maße 58 cm x 38 cm x 20 cm. Braucht sie einen anderen Koffer? Begründe.

1 Bestimme – ohne zu messen – die Größe der Winkel α, β, γ, δ und ε.
Begründe.

g ∥ h

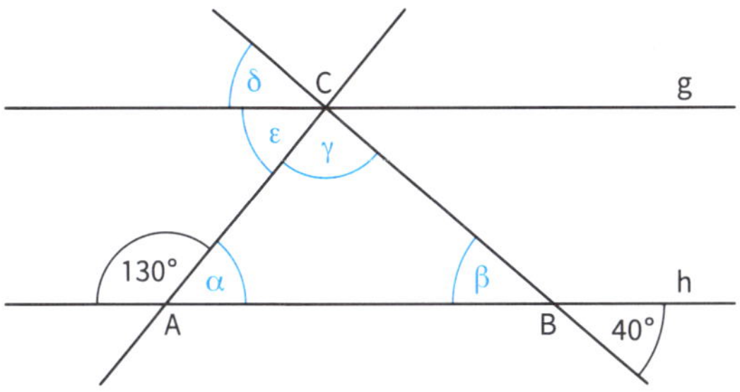

	Größe	Begründung
α		
β		
γ		
δ		
ε		

TIPP

Winkelsumme im Dreieck
Die Summe der Innenwinkel eines Dreiecks beträgt immer 180°.

2 Bestimme die Größe der Winkel α und φ.

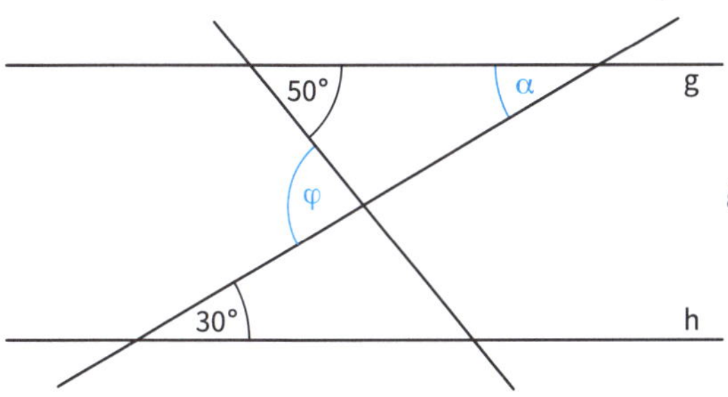

g ∥ h

α = ____________ φ = ____________

18 Winkel (von S. 10)

In der Abbildung sind die Geraden g und h parallel.

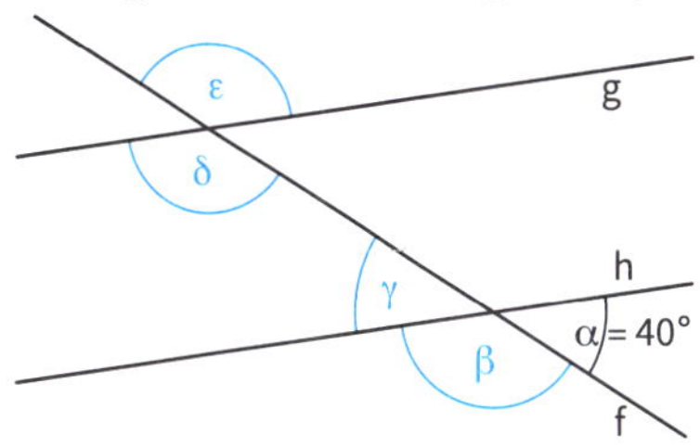

a) Bestimme, ohne zu messen, die Größe der Winkel β, γ, δ und ε. Begründe.
b) In einem Geometrieprogramm wird die Gerade f so gedreht, dass α = 105° groß ist. Wie verändern sich dadurch die Größen von β, γ, δ und ε?
Überprüfe deine Lösung durch eine Zeichnung.

Zu a)
β ist ein Nebenwinkel von α. Beide zusammen sind 180° groß.
β = 180° – α.
β = 180° – 40° = **140°**

γ ist als Scheitelwinkel von α genauso groß wie α, also **γ = 40°.**

δ ist ein Stufenwinkel zu β und damit genauso groß, also **δ = 140°.**

ε ist ein Scheitelwinkel zu δ oder auch ein Wechselwinkel zu β und damit ebenfalls 140° groß, also **ε = 140°.**

Zu b)
Wenn α = 105° beträgt, ist der Nebenwinkel β = 75° und der Scheitelwinkel γ = 105° groß. δ und ε sind so groß wie β, also ebenfalls 75°.

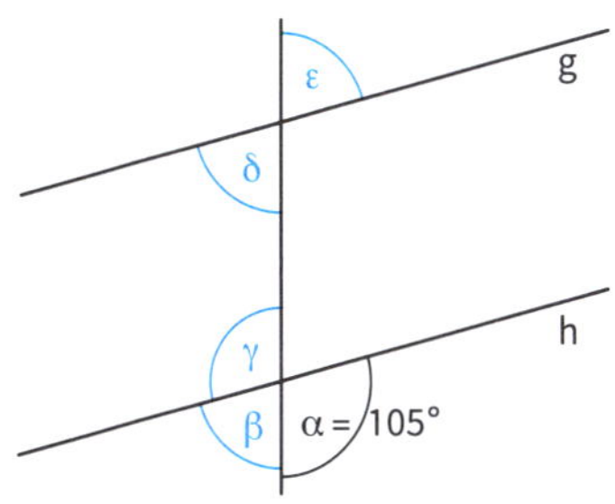

http://nale.fi/kggz

3 Begründe, dass in jedem Trapez gilt:
α + δ = 180° und β + γ = 180°.

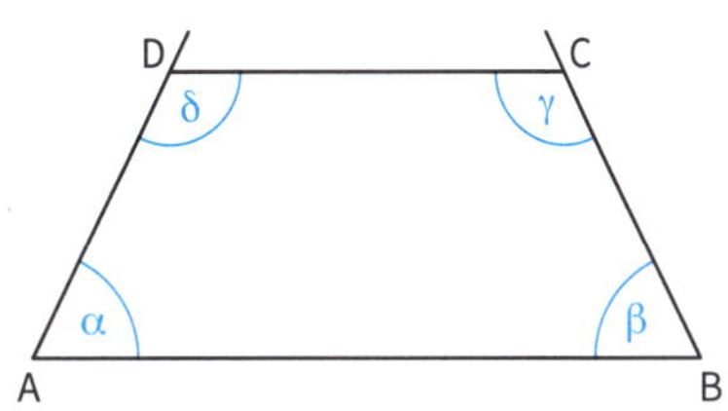

Daten und Zufall

http://nale.fi/qprf

19 Tablet (von S. 10)

Im Internet wird ein Tablet zu folgenden Preisen angeboten.

a) Gib den Median (Zentralwert), die Spannweite und das arithmetische Mittel der Preise an.

b) Berücksichtigt man noch ein sechstes Angebot, beträgt das arithmetische Mittel nur noch 264 €. Wie teuer ist das Tablet aus diesem Angebot?

Zu a)
Zuerst werden die Daten der Größe nach geordnet:
252 €; 256 €; **269 €;** 279 €; 320 €
Bei einer ungeraden Anzahl von Daten ist der Median der Wert in der Mitte. Bei einer geraden Anzahl von Daten stehen in der Mitte zwei Werte. Als Median gibt man dann das arithmetische Mittel dieser beiden Werte an.

Median: 269 €

Die Spannweite ist die Differenz zwischen dem größten und kleinsten Wert.

Spannweite: 320 € – 252 € = **68 €**

Beim arithmetischen Mittel werden alle Werte addiert und die Summe durch die Anzahl der Werte geteilt.

arithmetisches Mittel:
(252 € + 256 € + 269 € + 279 € + 320 €) : 5
= 1376 € : 5 = **275,20 €**

Zu b)
x sei der Preis des neuen Angebots. Alle sechs Preise zusammen ergeben das Sechsfache des neuen arithmetischen Mittels von 264 €, also:

$$1376\,€ + x = 6 \cdot 264\,€$$
$$1376\,€ + x = 1584\,€ \quad | -1376\,€$$
$$x = 208\,€$$

Beim sechsten Angebot kostet das Tablet **208 €.**

1 Gib jeweils die Spannweite, den Median (Zentralwert) und das arithmetische Mittel der Stichprobe an.

a) 84,30 €; 65,80 €; 111,40 €;
99,70 €; 107,20 €

Spannweite: ________ Median: ________

arithmetisches Mittel: ________________

b) 4,50 m; 4,20 m; 5,10 m;
4,80 m; 5,30 m; 4,60 m

Spannweite: ________ Median: ________

arithmetisches Mittel: ________________

2 Ein Fahrstuhl darf maximal 12 Personen befördern. Es steigen 12 Personen mit den auf dem Zettel angegebenen Gewichten ein.

78,5 kg	96,0 kg	81,4 kg	54,5 kg
67,5 kg	93,4 kg	72,2 kg	56,8 kg
98,6 kg	78,2 kg	73,8 kg	84,3 kg

Bei der Angabe „max. 12 Personen“ wurde davon ausgegangen, dass die Personen durchschnittlich 80 kg wiegen.
Ist das hier so?

3 Sabine hat mit sieben Sprüngen für den Weitsprung-Wettbewerb trainiert. Hier sind die Weiten der ersten fünf Sprünge:

4,20 m	4,65 m	3,95 m	4,10 m	4,45 m

Der sechste Sprung war zugleich Sabines schlechteste Weite. Nach dem mittelmäßigen siebten Sprung stellt Sabine fest:

(1) Die Weitsprungdaten haben eine Spannweite von 90 cm.

(2) Das arithmetische Mittel der Sprungweiten ist 4,20 m.

Wie weit ist Sabine im sechsten und siebten Versuch gesprungen?

Weite im sechsten Versuch: __________

Weite im siebten Versuch: __________

1 2019 verbrauchte jeder Einwohner in Deutschland im Durchschnitt 126 Liter Trinkwasser. Davon entfielen 45 Liter auf ‚Baden und Duschen', 34 Liter auf ‚Toilettenspülung', 15 Liter auf ‚Wäsche waschen'.
Fülle die Tabelle aus und stelle diese Anteile in einem Kreisdiagramm dar.

	Verbrauch	Anteil	Winkel
Baden/Duschen			
Toilette			
Wäsche			
Sonstiges (Rest)			

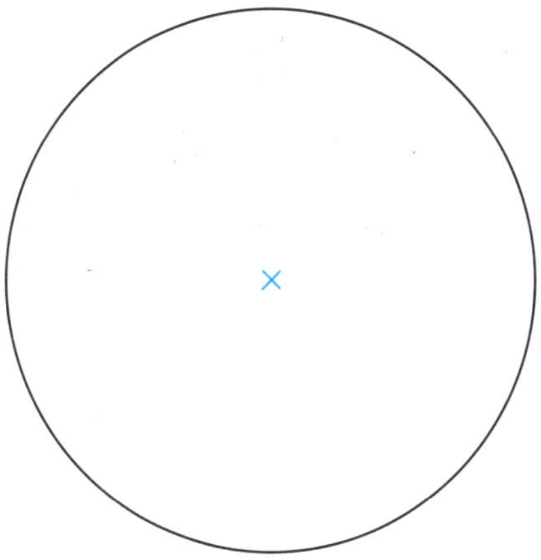

2 Umsatzverteilung eines Online-Händlers:

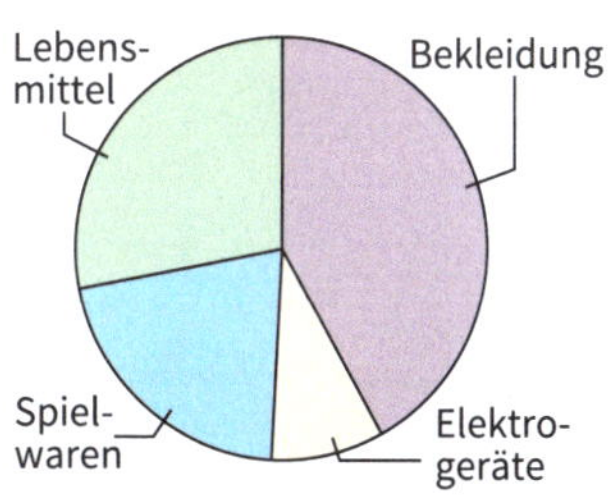

a) Bestimme, wie viel Prozent des Umsatzes er in den vier Bereichen etwa gemacht hat.

Lebensmittel: _____ % Elektrogeräte: _____ %

Spielwaren: ______ % Bekleidung: _______ %

b) Insgesamt hat der Händler 128,6 Mio. Euro Umsatz gemacht. Wie verteilt sich diese Summe auf die vier Bereiche?

Lebensmittel: ________ Mio. €

Elektrogeräte: ________ Mio. €

Spielwaren: _________ Mio. €

Bekleidung: _________ Mio. €

20 Nutzflächen in Deutschland (von S. 11)

In dem Diagramm rechts wird dargestellt, wie die Flächen in Deutschland genutzt werden.

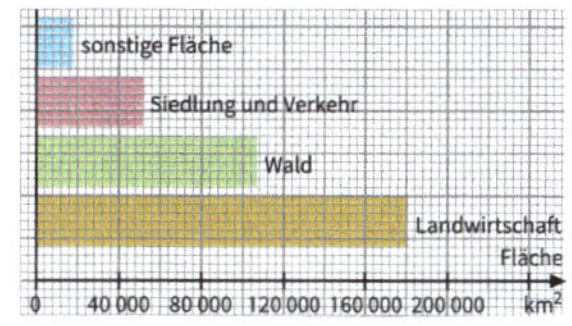

a) Wie viel Quadratkilometer entsprechen 1 mm?

b) (1) Lies aus dem Diagramm ab und fülle die Tabelle aus.
(2) Bestimme die relativen Häufigkeiten und trage sie in die Tabelle ein. Runde auf eine Nachkommastelle.
(3) Stelle die Anteile in einem Kreis- und einem Streifendiagramm dar.

Zu a) 10 mm ≙ 40 000 km²
1 mm ≙ 4 000 km² (: 10)

Zu b)

	(1) Flächeninhalt (in km²)	(2) relative Häufigkeit (in %)
Landwirtschaft	181 000	50,6
Wald	107 000	30,0
Siedlung und Verkehr	51 500	14,4
sonstige Fläche	18 000	5,0
Gesamtfläche	357 500	100

Die relative Häufigkeit berechnet man, indem man den Teilflächeninhalt durch den Gesamtflächeninhalt dividiert.

(3) Kreisdiagramm (1 % ≙ 3,6°)

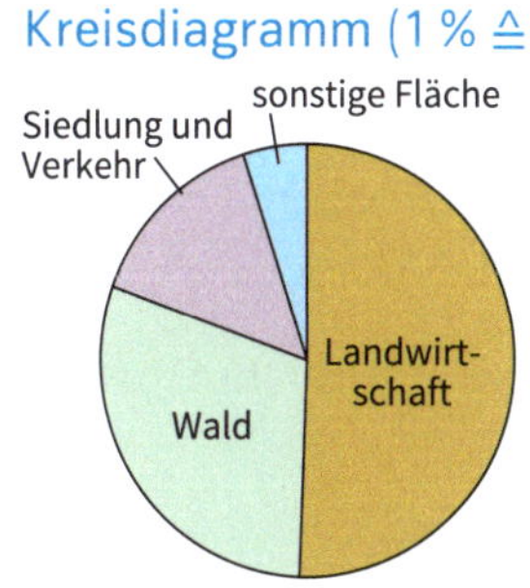

Landw.: 182°
Wald: 108°
Siedlung und Verkehr: 52°
sonst. Fläche: 18°

Streifendiagramm

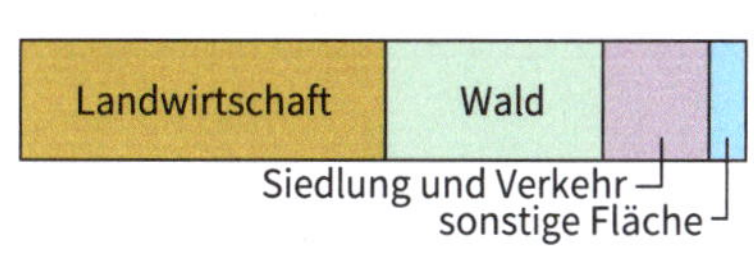

(5 cm lang)

Beim Streifendiagramm von 10 cm Länge ist jeder Abschnitt doppelt so lang: 1 % entspricht dann 1 mm.

http://nale.fi/knge

http://nale.fi/yprf

21 Farbige Kugeln (von S. 11)

Aus einem Behälter mit 3 roten, 5 grünen und 2 blauen gleichartigen Kugeln wird eine verdeckt gezogen. Berechne die Wahrscheinlichkeiten für „blau“ und für „nicht rot“.

a) P (blau) b) P (nicht rot)

$P(E) = \frac{\text{Anzahl der günstigen Ergebnisse}}{\text{Anzahl der möglichen Ergebnisse}}$

Zu a)
Möglich sind 10 Ergebnisse; günstig sind 2 Ergebnisse, da 2 der 10 Kugeln blau sind.
Also: P (blau) = $\frac{2}{10}$ = **0,2 = 20 %**

Zu b)
Möglich sind 10 Ergebnisse; günstig sind 7 Ergebnisse, da 7 der Kugeln nicht rot sind.
Also: P (nicht rot) = $\frac{7}{10}$ = **0,7 = 70 %**

1 Ein Würfel wird geworfen.

a) Gib zu folgenden Ereignissen die günstigen Ergebnisse an und berechne jeweils die Wahrscheinlichkeit des Ereignisses.

A: *Die Augenzahl ist gerade.*
A = { }; P(A) = ____________

B: *Die Augenzahl ist durch 2 und durch 3 teilbar.*
B = { }; P(B) = ____________

C: *Die Augenzahl ist durch 2 oder durch 3 teilbar.*
C = { }; P(C) = ____________

b) Beschreibe ein weiteres Ereignis mit der Wahrscheinlichkeit $\frac{5}{6}$.

____

2 Färbe die Kugeln im Behälter rechts so, dass beim verdeckten Ziehen die angegebenen Wahrscheinlichkeiten zutreffen.

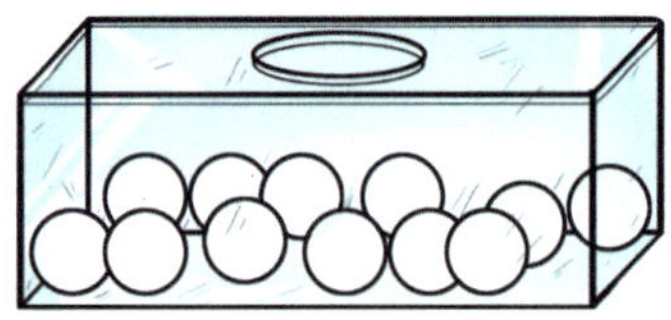

P (rot) = $\frac{1}{6}$
P (blau) = $\frac{1}{3}$
P (grün) = $\frac{1}{2}$

3 Aus dem Behälter rechts zieht Till mit verbundenen Augen eine Kugel.

a) Mit welcher Wahrscheinlichkeit zieht er eine blaue Kugel?

P (blaue Kugel) = ____________

b) Mit welcher Wahrscheinlichkeit zieht er keine rote Kugel?

P (keine rote Kugel) = ____________

4 Das Glücksrad rechts soll vier farbige Felder haben. Die Mittelpunktswinkel bzw. die Gewinnchancen der Felder stehen in der Tabelle.

Farbe	Winkel	Wahrscheinlichkeit
rot	90°	
gelb		20 %
blau	54°	
grün		

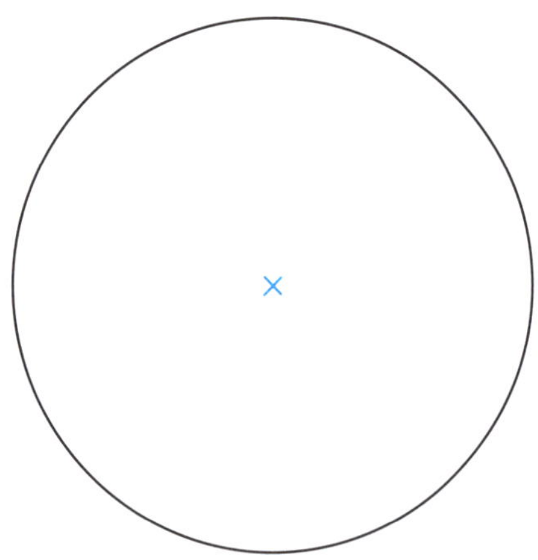

a) Vervollständige die Tabelle und zeichne das Glücksrad.

b) Das Glücksrad wird einmal gedreht. Gib die Wahrscheinlichkeiten an.

(1) P(gelb oder grün) = ____________ (2) P(nicht blau) = ____________

c) Welches Ereignis hat die Wahrscheinlichkeit 75 %? ____________

1 a) Wie groß ist die Wahrscheinlichkeit, mit Würfel (1) eine Vier zu würfeln?

(1)
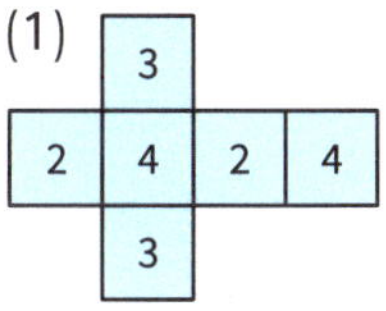

____

b) Wie groß ist die Wahrscheinlichkeit, mit Würfel (2) eine gerade Zahl zu würfeln?

(2)
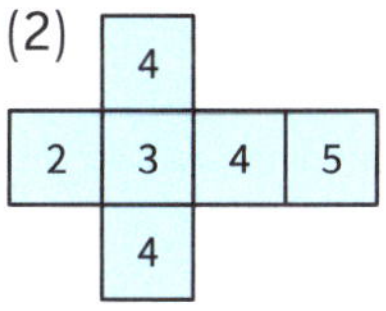

____

c) Wie groß ist die Wahrscheinlichkeit, mit Würfel (3) keine Sechs zu würfeln?

(3)
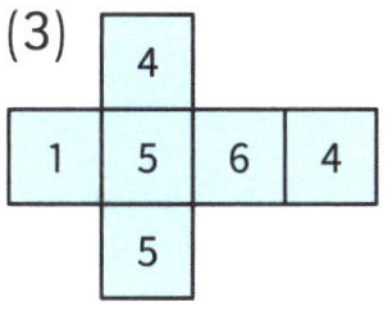

____

d) Mit einem der abgebildeten Würfel (1), (2) oder (3) wurde 800-mal gewürfelt. Dabei lag 548-mal eine Primzahl oben. Welcher Würfel ist das vermutlich gewesen? Begründe.

Wahrscheinlichkeit für Primzahl:
Würfel (1): ___________________

Würfel (2): ___________________

Würfel (3): ___________________

Antwort: ___________________

____

2 Bei einem zylinderförmigen „Würfel" stehen auf den Grundflächen die Augenzahlen 1 und 2 sowie auf der Mantelfläche die Augenzahl 3.

Bei einer langen Versuchsreihe von 2000 Würfen wurde die Augenzahl 3 insgesamt 1280-mal gewürfelt. Gib Näherungswerte für die Wahrscheinlichkeiten der Augenzahlen an. Begründe.

P(1) = _______ P(2) = _______ P(3) = _______

Begründung: ___________________

____

____

____

22 Würfel (von S. 11)

(1)
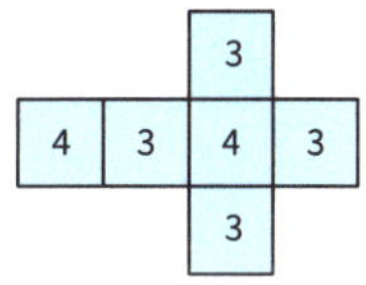

(2)
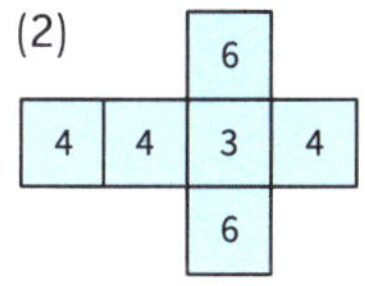

Oben siehst du die Netze zweier Würfel. Der Würfel (1) hat nur die Zahlen 3 und 4, der Würfel (2) die Zahlen 3, 4 und 6.

a) Gib die Wahrscheinlichkeit an, mit Würfel (1) eine Vier zu würfeln.
b) Gib die Wahrscheinlichkeit an, mit Würfel (2) eine Augenzahl größer als 3 zu würfeln.
c) Mit einem der beiden Würfel wurde 1000-mal gewürfelt und dabei 324-mal die Vier erzielt. Welcher Würfel ist das vermutlich gewesen? Begründe.

Zu a)
Von den sechs Feldern des Würfelnetzes (1) sind zwei mit der Zahl 4 beschriftet, also gilt
P(4) $= \frac{2}{6} = \frac{1}{3}$

Zu b)
Von den sechs Feldern des Würfelnetzes (2) sind fünf mit einer Zahl beschriftet, die größer als 3 ist, also gilt
P(größer als 3) $= \frac{5}{6}$

Zu c)
Die relative Häufigkeit (rH) eines bestimmten Ereignisses in 1 000 Würfen ist ein guter Schätzwert für die Wahrscheinlichkeit dieses Ereignisses.

$rH(4) = \frac{324}{1000} = 0{,}324$
Für Würfel (1) gilt $P(4) = \frac{1}{3}$.
Für Würfel (2) gilt $P(4) = \frac{1}{2}$.

Da die relative Häufigkeit knapp unter $\frac{1}{3}$ liegt ($0{,}324 < 0{,}\overline{3}$), ist mit großer Berechtigung davon auszugehen, dass mit dem **Würfel (1)** gewürfelt wurde. Sicher kann man aber nicht sein.

Hinweis: Bei der häufigen Wiederholung von Zufallsversuchen können – zwar ganz selten – völlig unerwartete Ergebnisse auftreten, bei denen die relative Häufigkeit von der Wahrscheinlichkeit erheblich abweicht.

http://nale.fi/wgxz

Abschlusstest

Im Abschlusstest zu den Basisaufgaben kannst du zeigen, wie viel du bereits im Vergleich zum Eingangstest dazugelernt hast. Die Aufgaben des Abschlusstests sind nicht thematisch sortiert.
Die Lösungen zu diesen Aufgaben findest du im Lösungsheft.

1 Rechnen und Ordnen

Rechne und trage deine Ergebnisse auf der Zahlengeraden ein.

a) Berechne die Differenz von 6,5 und 7,3.

b) Berechne die Differenz von $-1{,}2$ und $-0{,}8$.

c) Dividiere 4 durch -16.

d) Teile das Produkt aus -3 und -50 durch die dritte Potenz von 5.

e) Subtrahiere vom Produkt aus $-\frac{3}{5}$ und 35 das Vierfache von -5.

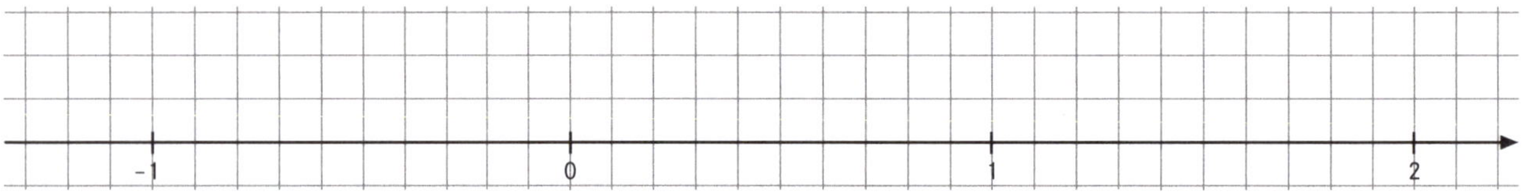

2 Quadrat und Rechteck

Der Flächeninhalt eines Quadrats beträgt 36 cm².

a) Bestimme den Umfang. u = ______________

b) Gib die Seitenlängen von zwei Rechtecken an, die auch einen Flächeninhalt von 36 cm² haben.

(1) a = ____________ b = ____________ (2) a = ____________ b = ____________

3 Abschlussfahrt

Für die Abschlussfahrt einer Jahrgangsstufe 10 stehen Venedig, Paris, Prag oder London als Ziele zur Auswahl. Eine Abstimmung unter den 80 Schülerinnen und Schülern der Jahrgangsstufe ergab:
Jeder Vierte ist für Venedig, 20 % sind für Paris. Nach London wollen dreimal so viele wie nach Prag.

a) Wie viele Schülerinnen und Schüler sind für die einzelnen Ziele?

Venedig: ____________ Paris: ____________

London: ____________ Prag: ____________

b) Gib die relativen Häufigkeiten für die einzelnen Ziele in Prozent an.

Venedig: ________ % Paris: ________ %

London: ________ % Prag: ________ %

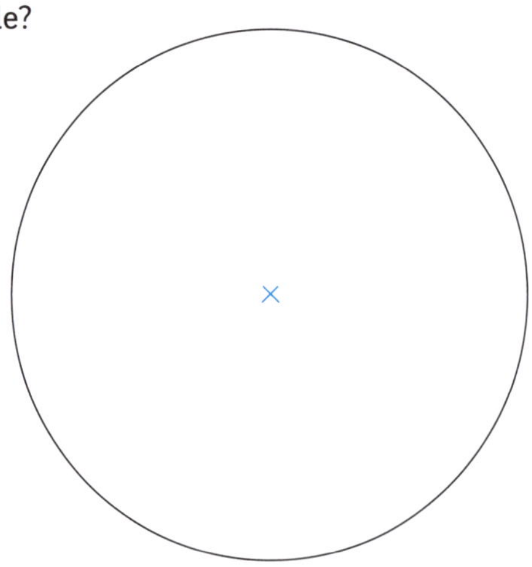

c) Stelle die relativen Häufigkeiten in einem Kreis- und einem Streifendiagramm dar.

Streifendiagramm:

4 Lineare Funktionen

In einem Koordinatensystem sind die Graphen der Funktionen $f(x) = -0{,}2x - 3$ und $g(x) = -0{,}2x + 3$ dargestellt. Beschreibe Lage und Verlauf der beiden Graphen, ohne zu zeichnen.

____

____

____

5 Gleichungssysteme

a) Löse das Gleichungssystem.

I: $5x - 3y = 53$
II: $4x + 3y = 37$

x = __________ y = __________

b) Das Dreifache einer Zahl ist um 1 kleiner als eine zweite Zahl. Die Summe aus dem Doppelten der ersten Zahl und der zweiten Zahl ergibt 36. Berechne die beiden Zahlen mit einem Gleichungssystem.

1. Zahl: __________ 2. Zahl: __________

6 Exponentielle Abnahme

Frau Metin nimmt ein Vitaminpräparat ein. Durch die Einnahme von zwei Tabletten befinden sich 300 mg des Vitamins im Blut. In jeder Stunde werden 18 % davon ausgeschieden.
Berechne, wie viel mg des Vitamins nach zwei (vier, sechs) Stunden im Blut sind.

7 Dreieck im Koordinatensystem

a) Zeichne das Dreieck A(−1 | −1), B(3 | −1) und C(3 | 2) in das gegebene Koordinatensystem.

b) Berechne die Länge der Seite $\overline{AC}$ und den Flächeninhalt A des Dreiecks.

$\overline{AC}$ = ____________________

A = ____________________

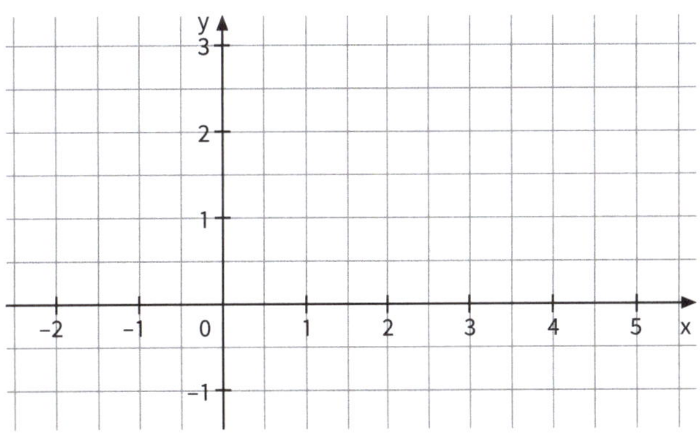

8 Prozente

a) Wie viel sind 40 % von 130 €?

____

b) Von wie viel Kilogramm sind 4 % genau 12 kg?

____

c) Wie viel Prozent sind 24 cm von 6 m?

____

d) Berechne 3 % Zinsen von 760 € Spareinlage.

____

9 Kinobesucher

In der ersten Woche nach dem Filmstart wurden in einem Kino folgende Besucherzahlen notiert:

Do: 625	Fr: 745	Sa: 820	So: 655	Mo: 423	Di: 388	Mi: 495

a) Berechne das arithmetische Mittel der Besucherzahlen pro Tag. ______________________

b) Nachdem der Film zwei Wochen gelaufen ist, steht in der Zeitung: „In den ersten beiden Kinowochen haben durchschnittlich 450 Besucher pro Tag den Film gesehen.“ Wie viele Personen haben den Film in der zweiten Kinowoche gesehen? ______________________

10 Lostrommel

In einer Lostrommel sind 300 Lose, davon 20 Hauptgewinne.

a) Gib die Wahrscheinlichkeit an, dass das erste gezogene Los ein Hauptgewinn ist.

____

b) Unter den ersten 30 gezogenen Losen waren zwei Hauptgewinne. Lukas zieht das 31. Los. Vergleiche die Wahrscheinlichkeit für einen Hauptgewinn mit der ersten Ziehung. Ist sie jetzt

☐ kleiner, ☐ größer, ☐ genauso groß?

11 Gleichungen und Graphen

Ordne den Funktionsgleichungen die zugehörigen Graphen (g_1, g_2, ...) zu.

	$y = x + 1$
	$y = -x^2$
	$y = x^2 + 2x + 1$
	$y = x^2 + 2$

	$y = x^2 - 2$
	$y = 0{,}5x + 1$
	$y = -2x + 1$
	$y = -2x^2$

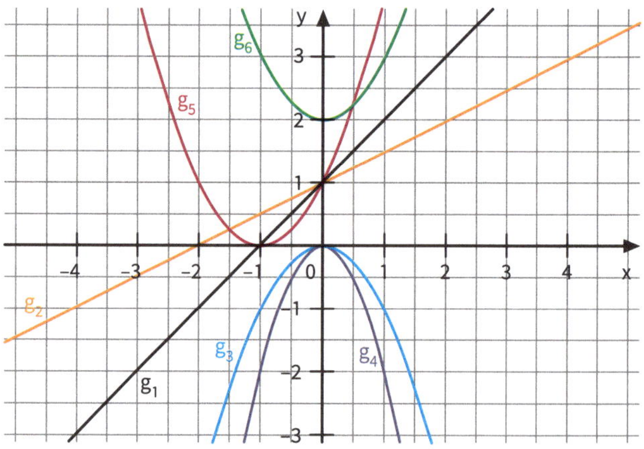

12 Baumhöhe

Die Baumspitze wird über einen 3 m langen Stab angepeilt. Bestimme die Höhe des Baumes.

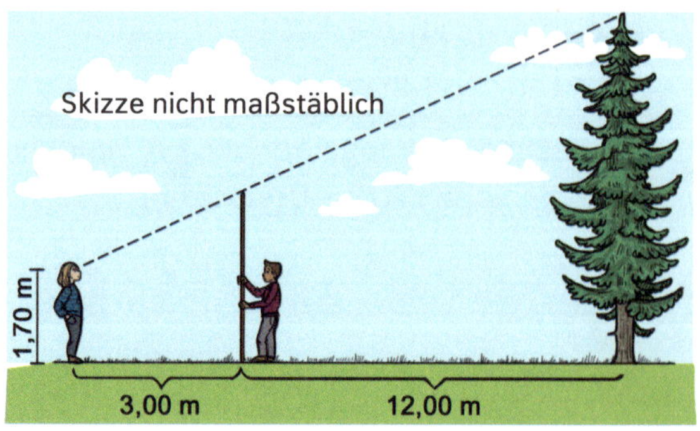

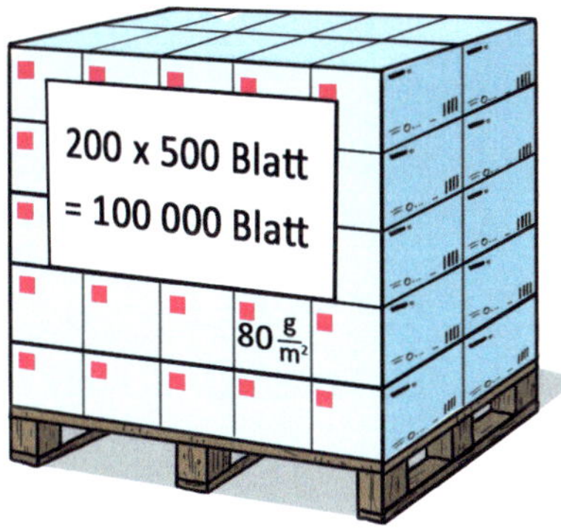

13 Fahrstuhl

Für ein Büro in der ersten Etage wird eine Palette mit Kopierpapier angeliefert. Die Palette muss mit dem Fahrstuhl transportiert werden. Wie schwer ist das Kopierpapier?

Hinweis:

Maße eines DIN-A4-Blattes (in cm): 21,0 x 29,7

14 Parabeln in verschiedenen Darstellungen

Eine Parabel hat den Scheitelpunkt S(−1,5 | 3,5). Sie ist nach unten geöffnet und gegenüber der Normalparabel um 0,5 gestaucht.

Gib die Scheitelpunktform der Parabel an und wandle diese in die allgemeine Form um.

f(x) = ______________________ (Scheitelpunktform)

f(x) = ______________________ (allgemeine Form)

15 Wasserfass

a) Berechne das Volumen des Wasserfasses. Runde auf Liter.

V = ____________________

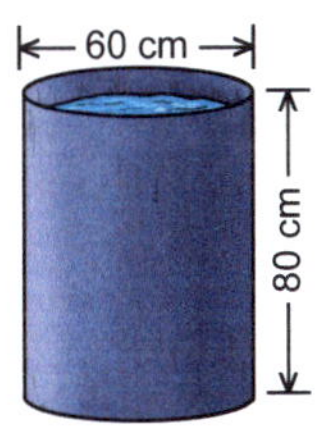

b) Berechne den Oberflächeninhalt des Fasses. Runde auf Zehntel m^2.

O = ____________________

16 Größen bestimmen

Kreuze an, welche Maßangabe stimmen könnte.

Ladevolumen eines Lasters

- ☐ 5 m^3
- ☐ 500 000 dm^3
- ☐ 50 000 *l*
- ☐ 500 cm^3

Länge eines Springseils

- ☐ 250 000 mm
- ☐ 25 dm
- ☐ 2 500 cm
- ☐ 0,025 km

Fläche eines Handballfeldes

- ☐ 80 000 cm^2
- ☐ 8 000 dm^2
- ☐ 800 m^2
- ☐ 0,8 km^2

17 Straßenfest

Die Bewohner des Parkwegs planen ein Straßenfest. Die Tabelle zeigt die Kalkulation für den Grillstand.

	A	B	C	D
1		**Verkaufspreis**	**Stückzahl**	**Einnahmen**
2	**Essen**			
3	Bratwurst	2,00 €	60	120,00 €
4	Currywurst	2,50 €	45	112,50 €
5	Steak	3,50 €	50	175,00 €
6	Brötchen	0,50 €	200	100,00 €
7				
8	**Trinken**			
9	Softdrinks	2,00 €	250	500,00 €
10	Wasser	1,00 €	150	150,00 €
11				
12		**Gesamteinnahmen**		1.157,50 €

a) Insgesamt sollen ________ Würste verkauft werden.

b) Der Preis für ein Steak steht in Zelle ________ .

Es soll ________ € kosten.

c) Die voraussichtlichen Einnahmen aus dem Bratwurstverkauf werden in der Zelle ________ mit der

Formel ____________________ berechnet.

d) Gib zwei verschiedene Formeln an, um die Gesamteinnahmen in Zelle D12 zu berechnen.

D12: ________________________________ oder ________________________________

18 Kleintiergehege

Aus sechs Zaunelementen mit jeweils 60 cm Länge baut Jan im Garten ein Gehege für seine Meerschweinchen. Die Grundfläche hat die Form eines regelmäßigen Sechsecks (s. Abbildung).

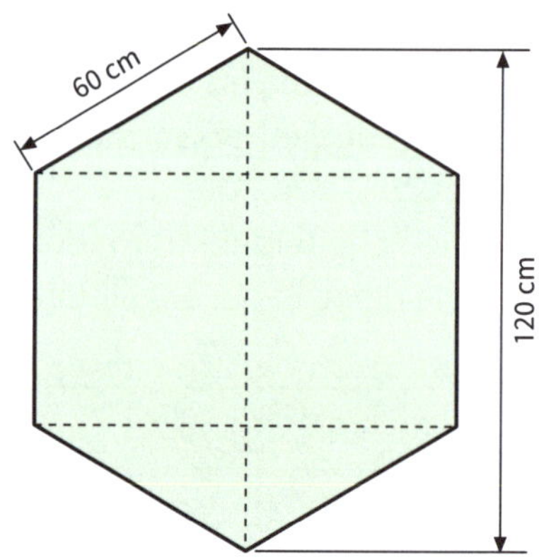

Berechne, wie groß die eingezäunte Fläche ist.

19 Funktionsbeschreibung

Beschreibe so genau wie möglich, wie bei den jeweiligen Funktionen der x-Wert und der y-Wert zusammenhängen. Gib auch jeweils an, um welche Art von Funktion es sich handelt.

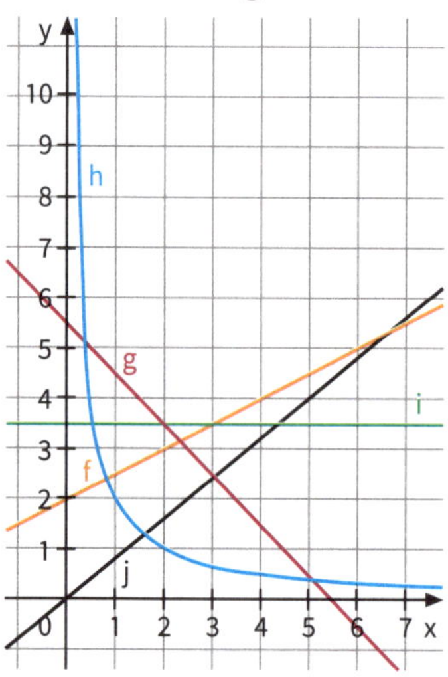

Graph f	
Graph g	
Graph h	
Graph i	
Graph j	

20 Würfeln mit einem Quader

Die Grundflächen des abgebildeten Holzquaders sind Quadrate. Auf den Flächen des Quaders stehen wie bei einem normalen Würfel die Zahlen 1 bis 6. Mit einer sehr großen Anzahl von Versuchen wurde ermittelt, dass die Wahrscheinlichkeit, die Augenzahl 6 zu würfeln, ca. 8 % beträgt.

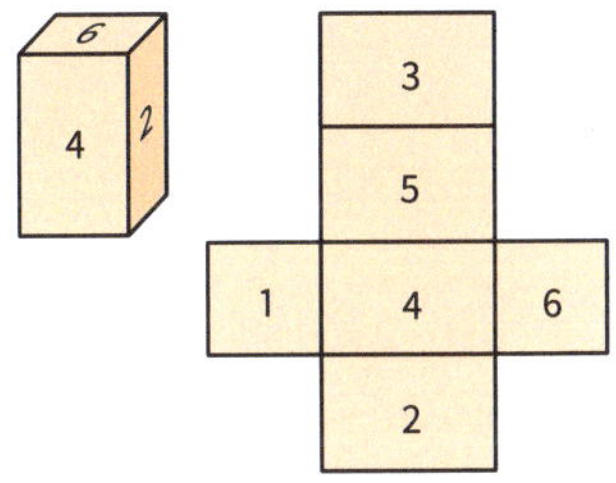

a) Schau dir das Netz des Quaders genau an und bestimme für die übrigen Augenzahlen 1 bis 5 Näherungswerte für die Wahrscheinlichkeiten.

Augenzahl	1	2	3	4	5	6
Näherungswert für Wahrscheinlichkeit						8 %

Begründe, warum man nur Näherungswerte angeben kann.

____

____

____

b) Der Quader wird in einer Versuchsreihe 4 000-mal gewürfelt. Wie oft wird dann ungefähr die Augenzahl 6 auftreten? Begründe.

21 Rechengeschichten

a) Welche der folgenden Sachtexte passen zu der Gleichung $x + 0{,}5x = 30$? Kreuze jeweils an!

b) Löse die Rechengeschichten.

1	Eine Lostrommel enthält 30 Lose. Es gibt doppelt so viele Gewinne wie Nieten.	☐ ja	☐ nein
2	Robert nimmt sich vor, 30 Tage lang täglich 1 Euro zu sparen. Die Hälfte der Zeit schafft er leider nur 50 Cent zu sparen.	☐ ja	☐ nein
3	Für eine Feier werden 30 Liter Fruchtbowle bestellt. Zu einer 1-Liter-Flasche Mineralwasser wird jeweils 0,5 Liter frischer Fruchtsaft hinzugefügt.	☐ ja	☐ nein
4	Max ist nur halb so alt wie sein Bruder. Zusammen sind sie 30 Jahre alt.	☐ ja	☐ nein

22 Winkel

Die Geraden g und h sowie j und k sind jeweils parallel.
Welche der folgenden Aussagen sind wahr (w), welche sind falsch (f)? Begründe.

Aussage	w/f	Begründung
$\gamma = 70°$		
$\delta = 70°$		
$\beta = \alpha$		
$\varepsilon = \beta$		

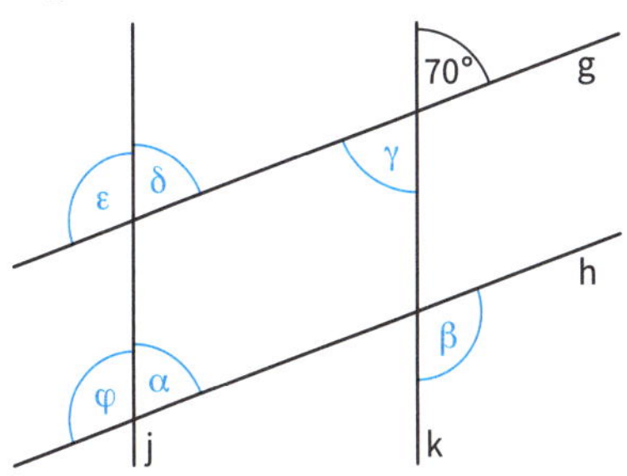

Teil B Komplexe Aufgaben

Eingangstest

Bearbeite den Eingangstest zu den komplexen Aufgaben, um deinen Kenntnisstand besser einschätzen zu können. Die Aufgaben des Eingangstests zu den komplexen Aufgaben sind nicht thematisch sortiert. Ausführliche Lösungen zu jeder Aufgabe findest du hier im Arbeitsbuch (Kurzlösungen im Lösungsheft). Die Seite steht jeweils in Klammern hinter dem Namen der Aufgabe. Dort sind auch weitere Übungsaufgaben zu dem jeweiligen Thema.

1 Preisänderungen **(Lösung Seite 52)**

a) Eine Bluse kostet 74,90 €. Der Preis wird um 35 % gesenkt.

Berechne den neuen Preis. ______

b) Der Preis für einen Anzug wurde um 40 % auf 179,94 € reduziert.

Wie teuer war er vorher? ______

c) Der Preis für ein Rennrad wird um 50 € erhöht und beträgt jetzt 499 €.

Um wie viel Prozent wurde der Preis erhöht? ______

2 Werkstück **(Lösung Seite 53)**

Das abgebildete Werkstück ist ein Quader, aus dem oben eine Halbkugel mit dem Radius 5 cm gefräst wurde (Maße in cm).
Das Werkstück besteht aus Stahl mit der Dichte $7{,}9\,\frac{g}{cm^3}$.

a) Berechne die Masse m des Werkstücks. m = ______

b) Berechne den Oberflächeninhalt. O = ______

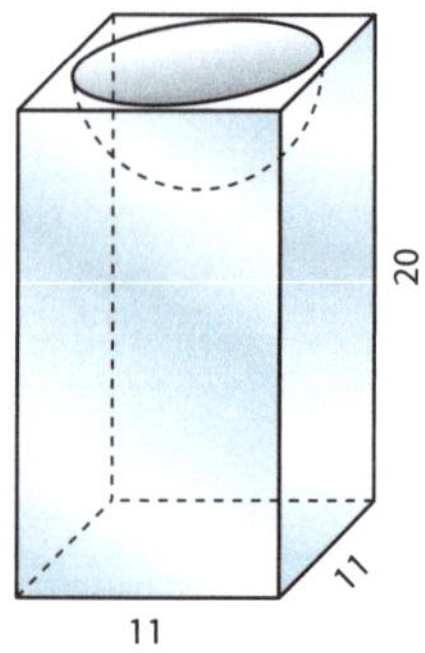

3 Straßenbahnfahrplan **(Lösung Seite 54)**

Der grafische Fahrplan gibt Auskunft über die Fahrt einer Straßenbahn vom Bahnhof (Bhf.) bis zum Tierpark mit den Zwischenhalten Rosentor, Nordheide und Stadion.

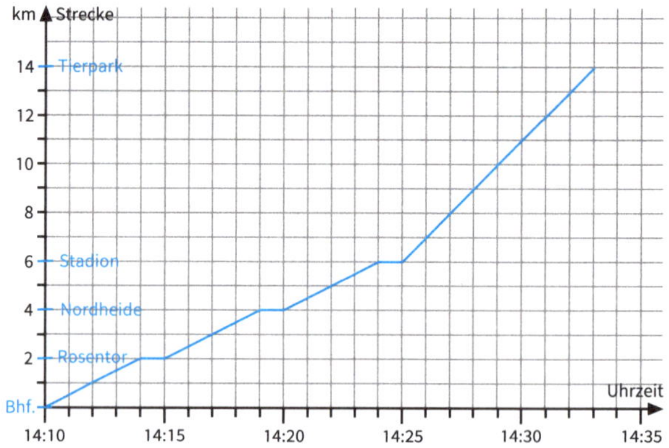

a) Gib die Entfernung zwischen den Haltestellen Bahnhof und Tierpark an.

______

b) Bestimme mithilfe der Grafik die Durchschnittsgeschwindigkeiten zwischen den Haltestellen.

______

c) Vervollständige mithilfe der Grafik den Fahrplan mit Ankunfts- und Abfahrtzeiten.

Haltestelle	Bahnhof	Rosentor		Nordheide		Stadion		Tierpark
	ab	an	ab	an	ab	an	ab	an
Uhrzeit	______	______	______	______	______	______	______	______

4 Fahrradurlaub (**Lösung Seite 55**)

Die nebenstehende Grafik zeigt, wie sich der Verbrauch eines Autos ändert, wenn man einen Dach- oder Heckträger (mit Fahrrädern) montiert.

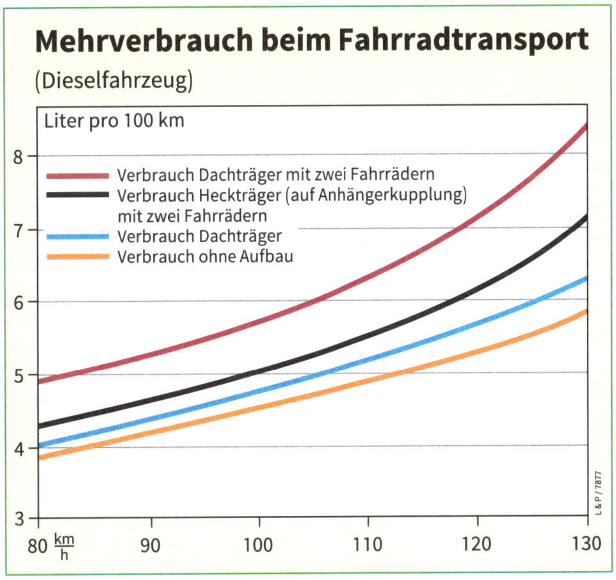

a) Lennard behauptet, dass bei 80 $\frac{\text{km}}{\text{h}}$ der Verbrauch eines Autos mit zwei Fahrrädern auf dem Dachträger ungefähr doppelt so hoch ist wie bei einem Auto ohne Aufbau. Nimm Stellung zu dieser Aussage.

b) Herr Tropper fährt immer mit einem Dachträger. Diesmal hat er aber darauf noch zwei Fahrräder montiert. Um wie viel Prozent steigt dadurch der Verbrauch bei 120 $\frac{\text{km}}{\text{h}}$?

c) Herr und Frau Tropper überlegen, ob sie auf dem Dachträger des Autos ihre beiden Fahrräder in den Urlaub nach Schweden mitnehmen. Herr Tropper fährt im Schnitt 100 $\frac{\text{km}}{\text{h}}$. Erstelle einen Graphen, der den Gesamtverbrauch für beide Varianten (mit und ohne Fahrräder) in Abhängigkeit von der zurückgelegten Strecke beschreibt. Benutze dafür das rechts abgebildete Koordinatensystem.

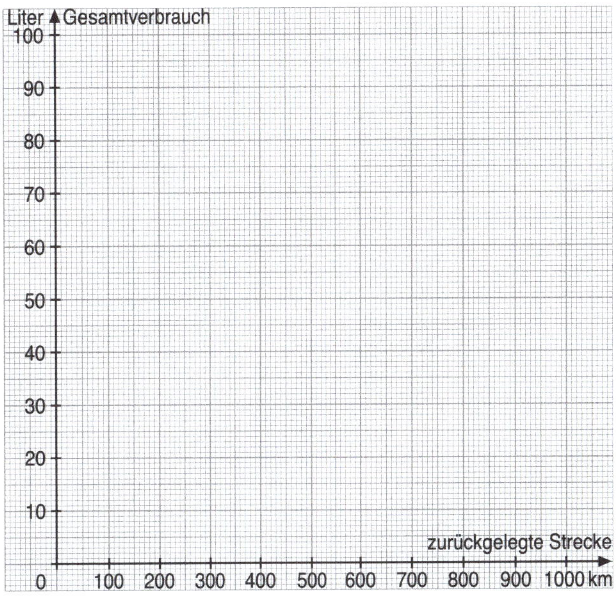

5 Herzogstandbahn (**Lösung Seite 56**)

Der Kartenausschnitt zeigt ein Wandergebiet in der Nähe von München. Anhand der Höhenlinien kann man erkennen, wie steil das Gelände ist. Eine Höhenlinie verbindet jeweils Punkte der Erdoberfläche, die auf gleicher Höhe über dem Meeresspiegel (ü. M.) liegen.
Wer sich den anstrengenden Aufstieg auf den Fahrenberg sparen will, benutzt den Sessellift. Die Herzogstandbahn bringt in nur 4 Minuten ihre Gäste von der Talstation am Walchensee auf den Fahrenberg.
Wie lang ist die Strecke, die eine Kabine bei ihrer Fahrt auf den Berg zurücklegt?

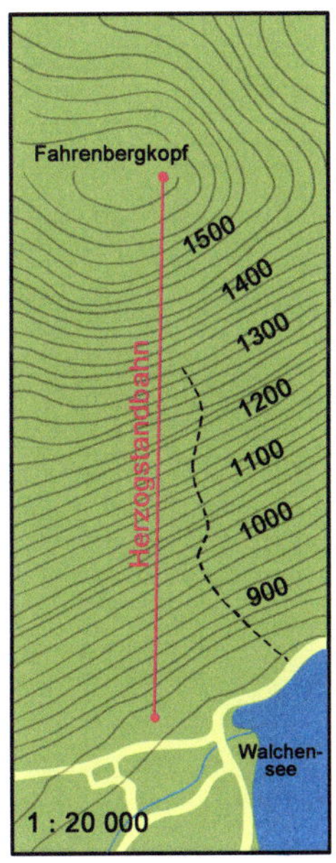

6 Konservendosen **(Lösung Seite 57)**

Sechs Konservendosen werden von einem Plastikband umfasst. Jede Dose hat einen Radius von 4 cm.

a) Berechne die Länge des Plastikbandes.

Länge: ____________________

b) Reicht für Dosen mit doppeltem Radius ein doppelt so langes Plastikband? Begründe deine Antwort.

____

____

7 Gläser **(Lösung Seite 58)**

Ein Likörglas und ein Rotweinglas werden mit Wasser gefüllt.

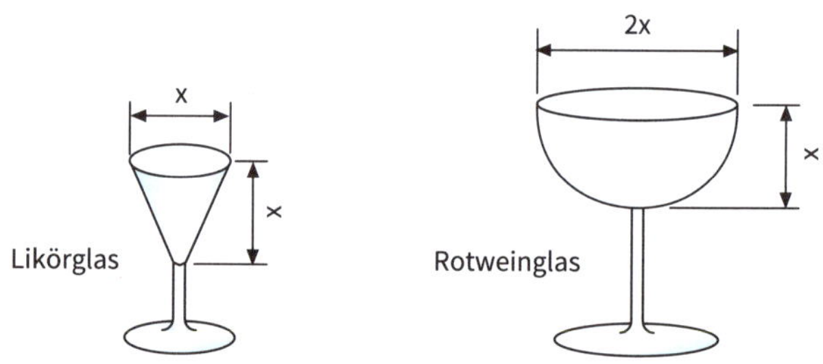

a) Wie viele vollständig gefüllte Likörgläser werden benötigt, um das Rotweinglas bis zum Rand zu füllen?

b) Welcher der abgebildeten Graphen zeigt am besten, wie sich die *Höhe h* des Flüssigkeitsspiegels beim gleichmäßigen Befüllen des **Rotweinglases** in Abhängigkeit von der *Zeit t* ändert? Kreuze an.

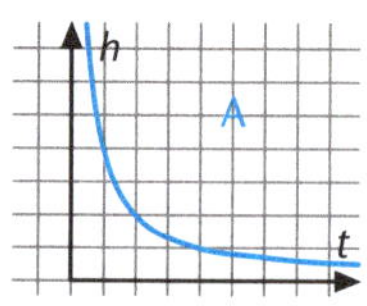

☐

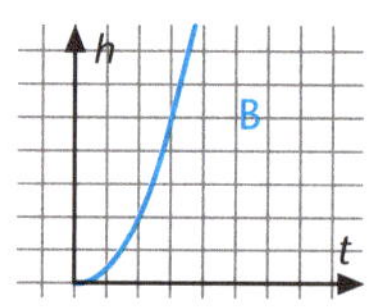

☐

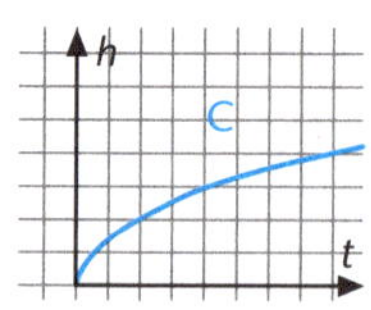

☐

8 Agenturmeldung **(Lösung Seite 59)**

> Vor allem in Thüringen und Sachsen hängt oder liegt die *weiße Bluse* bei fast jeder neunten Frau (87,4 Prozent) im Schrank, ergab jetzt eine Umfrage.

Die nebenstehende Pressemeldung ist fehlerhaft. Begründe und korrigiere den Text.

____

____

____

____

9 Kugelstoßen (Lösung Seite 60)

Hier siehst du den ersten Teil der Flugbahn einer gestoßenen Kugel (Maße in m).

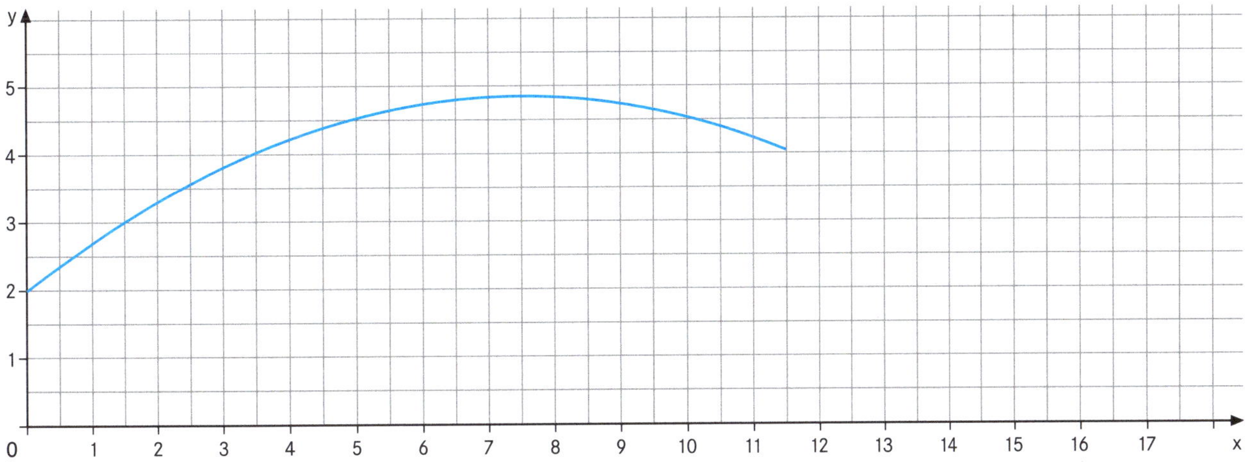

Die Flugbahn kann näherungsweise mit der Funktionsgleichung $f(x) = -0{,}05x^2 + 0{,}75x + 2$ beschrieben werden.

a) Lies am Graphen ab, aus welcher Höhe die Kugel abgestoßen wurde.

____

b) Berechne, welche maximale Höhe die Kugel erreicht. Kontrolliere dein Ergebnis am Graphen.

____

c) Berechne die Kugelstoßweite und vervollständige die Flugbahn.

____

10 Haus mit Satteldach (Lösung Seite 61)

Der Zeichnung kannst du die Außenmaße eines Einfamilienhauses entnehmen.

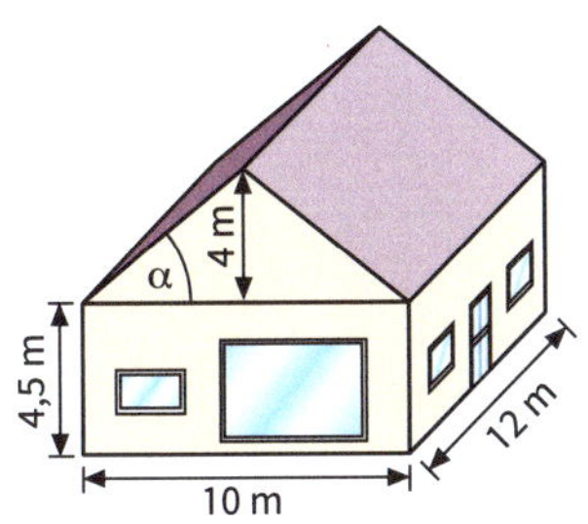

a) Berechne das Volumen des Hauses (umbauter Raum).

____

b) Wie groß ist die gesamte Dachfläche?

____

c) Berechne den Neigungswinkel α des Dachs.

____

11 **Nebenjobs** **(Lösung Seite 62)**

Bei einer Umfrage unter 580 Zehntklässlern geben 30 % an, neben der Schule zu jobben. Insgesamt nehmen 348 Mädchen an der Umfrage teil. Von den befragten Mädchen haben 25 % einen Nebenjob.

a) Berechne den prozentualen Anteil der Mädchen und Jungen an den befragten Zehntklässlern.

____

b) Wie viele Mädchen haben keinen Nebenjob?

____

c) Wie viel Prozent der Jungen haben keinen Nebenjob?

____

12 **Pkw-Antriebe und Kosten** **(Lösung Seite 63)**

Fahrzeughersteller bieten ihre Modelle mit alternativen Antrieben an.

Modell	Antrieb	Kosten pro 100 km
Eco B	Benzinmotor	7,80 €
Eco D	Dieselmotor	5,82 €
Eco H	Hybridmotor	5,33 €
Eco E	Elektromotor	2,93 €

a) Berechne, wie weit man mit den verschiedenen Antrieben für 10 € kommt. Stelle die Ergebnisse in einem geeigneten Diagramm dar.

b) Für den Antrieb mit einem Hybridmotor wurde ein Preis von 1,30 € pro Liter Super angenommen. Kann das Fahrzeug mit einer Tankfüllung (50 *l*) die Strecke Hamburg – München (775 km) zurücklegen? Begründe rechnerisch.

c) Im Preis von einem Liter Super (1,30 €) ist eine Energiesteuer von 65,45 ct enthalten. Berechne den Anteil in Prozent.

13 Seitenlängen beim Quadrat (**Lösung Seite 64**)

Welche Aussagen sind falsch? Begründe, warum sie falsch sind.

(1) Verdoppelt man die Seitenlänge eines Quadrats, so vervierfacht sich der Umfang.
(2) Verdoppelt man die Seitenlänge eines Quadrats, so vervierfacht sich der Flächeninhalt.
(3) Verdreifacht man die Seitenlänge eines Quadrats, so verdreifacht sich der Umfang.
(4) Verdreifacht man die Seitenlänge eines Quadrats, so verdreifacht sich der Flächeninhalt.

14 Tonnenschwere Goldmünze (**Lösung Seite 65**)

Zwei Zeitungen berichteten im Oktober 2011 über die größte Goldmünze der Welt.

(1) „Eine Tonne schwer und 80 cm Durchmesser, reines Gold im Wert von 55 Millionen US-Dollar."
(2) „... sie ist 80 cm hoch, 12 cm dick, 1 Tonne schwer und zu 99,99 Prozent aus Feingold. Ihr Materialwert liegt bei 34 000 000 €."

a) Bestimme aus den Angaben zum Materialwert in den Meldungen (1) und (2) den Wechselkurs zwischen Euro und Dollar für Oktober 2011.

b) Stimmt die angegebene Dicke in (2) mit den in (1) genannten Maßen überein? Rechne bei Gold mit einer Dichte von $19{,}3\,\frac{g}{cm^3}$.

c) Löse die Formel für das Volumen eines Zylinders nach r auf. Berechne damit den Radius r einer solchen Goldmünze, die dieselbe Dicke hat, aber nur halb so schwer ist.

15 Kapitalanlage (**Lösung Seite 66**)

Zur Konfirmation erhält Henrik 1 000 € von seinen Großeltern. Er legt das Geld zu 1,5 % an und will den Betrag so lange unangetastet lassen, bis sich sein Anfangskapital verdoppelt hat.

a) Wie viele Jahre muss Henrik ungefähr warten?

b) In welcher Zeit würde sich bei gleicher Verzinsung ein Kapital von 10 000 € verdoppeln?

16 **Zwei Würfel** (**Lösung Seite 67**)

Es wird gleichzeitig mit einem gelben und einem roten Würfel gewürfelt.
Das Ereignis (3;5) bedeutet: Mit dem gelben Würfel wurde eine 3 und mit dem roten Würfel eine 5 gewürfelt.

a) Wie viele Ergebnisse sind möglich?

___

b) Wie groß ist die Wahrscheinlichkeit für das Ereignis (3;5)?

___

c) Wie groß ist die Wahrscheinlichkeit, einen Pasch, d. h. zwei gleiche Zahlen, zu würfeln?

___

17 **Fußballduell** (**Lösung Seite 68**)

Die abgebildete Grafik vergleicht, wie viel Euro in Deutschland und wie viel Euro in England durch internationale und nationale Medienerlöse eingenommen werden.

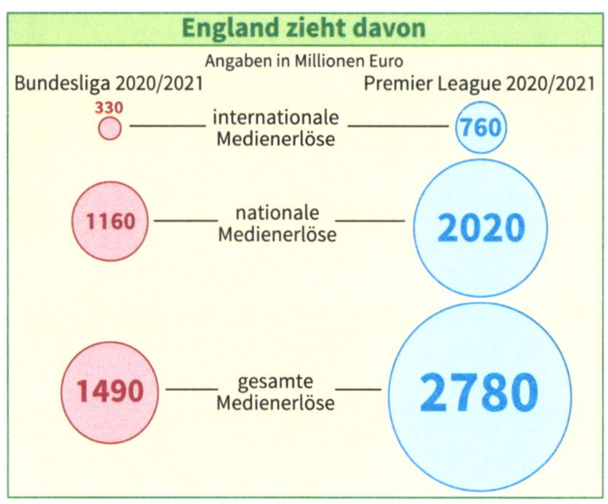

a) Berechne den Anteil der nationalen Erlöse in Deutschland an den gesamten Medienerlösen in Prozent.

___

___

b) Angenommen, der internationale Medienerlös wächst jedes Jahr in Deutschland um 10 %. Nach wie vielen Jahren ist er dann ungefähr so groß wie in England im Jahr 2020/2021?

___

___

c) Begründe, warum die Darstellung der beiden Kreise zum internationalen Medienerlös irreführend ist.

___

___

18 Zahlenrätsel **(Lösung Seite 69)**

(1) Subtrahierst du vom Dreifachen einer Zahl 8, dann erhältst du 5 mehr als die Zahl.	(2) Verdreifachst du die Differenz aus einer Zahl und 8, so erhältst du 5 weniger als die Zahl.	(3) Subtrahierst du 8 von einer Zahl, so erhältst du das Dreifache der Summe aus 5 und der Zahl.

a) Welches Zahlenrätsel gehört zu der Gleichung $x - 8 = 3(5 + x)$? Nr.: ____________

b) Löse die Gleichung $x - 8 = 3(5 + x)$.

$x =$ ____________

c) Schreibe auch zu den anderen Zahlenrätseln eine passende Gleichung auf.

Nr. ( ): ______________________________

Nr. ( ): ______________________________

19 Smartphone-Nutzung **(Lösung Seite 70)**

Die Schülerinnen und Schüler aller 10. Klassen einer Schule wurden befragt, wie oft sie ihr Smartphone am Tag vor der Befragung zum Telefonieren, Nachrichten verschicken oder Surfen ungefähr benutzt haben. Das Ergebnis wurde in einem Boxplot dargestellt.

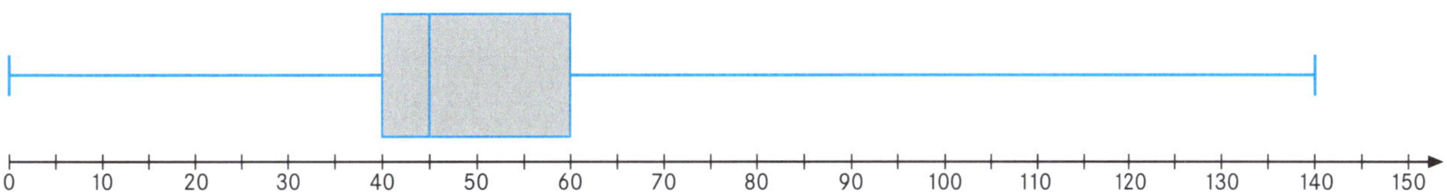

a) Entnimm dem Boxplot folgende Werte:

Spannweite: ______ Median (Zentralwert): ______ unteres Quartil: ______ oberes Quartil: ______

b) Felix behauptet: „Die meisten Schülerinnen und Schüler haben mehr als 60-mal mit dem Smartphone telefoniert, Nachrichten verschickt oder gesurft." Nimm Stellung.

____

____

20 Fläche Niedersachsen **(Lösung Seite 71)**

Der Kartenausschnitt zeigt das Bundesland Niedersachsen. Bestimme näherungsweise die Größe der Fläche von Niedersachsen. Benutze den Maßstab der Karte. Begründe dein Vorgehen.

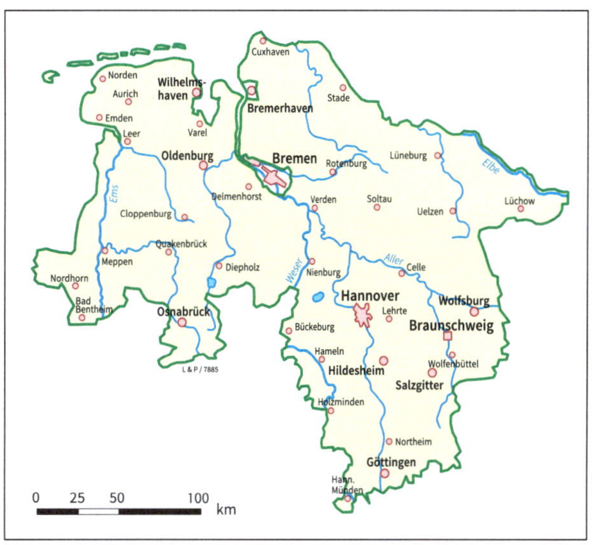

21 Quadratische Gleichungen **(Lösung Seite 72)**

In der Abbildung siehst du, wie zwei Schüler die Gleichung $x^2 - 8x + 20 = 0$ gelöst haben.

a) Prüfe die Lösungswege. Welcher Weg stimmt, welcher Fehler wurde gemacht?

b) Löse folgende Gleichungen. Nicht immer brauchst du eine Lösungsformel.

Marcel	Paul
$x^2 - 8x + 20 = 0$	$x^2 - 8x + 20 = 0$
$x_{1/2} = 4 \pm \sqrt{16 + 20}$	$x_{1/2} = 4 \pm \sqrt{16 - 20}$
$x_{1/2} = 4 \pm \sqrt{36}$	$x_{1/2} = 4 \pm \sqrt{-4}$
$x_1 = 4 + 6 = 10$	
$x_2 = 4 - 6 = -2$	keine Lösung

(1) $(x + 7) \cdot (x - 7) = 0$ (2) $x^2 + 8x + 16 = 0$ (3) $x^2 - 5x = 0$ (4) $4x^2 + 96x - 100 = 0$

22 Glücksrad **(Lösung Seite 73)**

Auf einem Schulfest kann man am Stand der Klasse 10a für einen Einsatz von 1 € zweimal das abgebildete Glücksrad drehen. Bleibt es jedes Mal auf der gleichen Farbe stehen, gewinnt man, und zwar bei „grün“ einen Trostpreis im Wert von 0,30 € und bei „orange“ einen Sachpreis von 8 €.

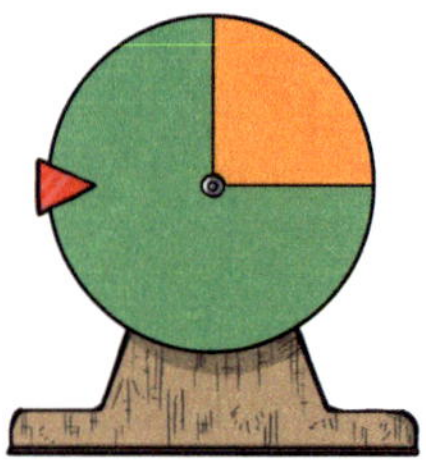

a) Zeichne ein Baumdiagramm und bestimme die Wahrscheinlichkeiten:

(1) P(g;g): ______________________

(2) P(o;o): ______________________

b) Wie groß ist die Wahrscheinlichkeit, bei diesem Spiel zu verlieren?

____

c) Es werden 400 Spiele durchgeführt. Mit welchem Gewinn kann die Klasse rechnen?

____

23 Angebote **(Lösung Seite 74)**

Frau Kurt kann für zwei Jahre einen Lottogewinn von 1 000 000,– € sparen. Drei Banken (A, B, C) bieten ihr unterschiedliche Zinssätze an:

A	B	C
1. Jahr 1,2 %; 2. Jahr 1,7 %	1. Jahr 0,9 %; 2. Jahr 2,0 %	1. Jahr 1,4 %; 2. Jahr 1,5 %

a) Welche Bank kannst du empfehlen? Begründe.

____

____

b) Würdest du die gleiche Bank auch für jeden anderen Sparbetrag empfehlen? Begründe.

____

____

24 Brückenkonstruktion (Lösung Seite 75)

Über den Fluss soll eine Brücke führen, die in A beginnt und in B endet. Vermesser haben am unteren Flussufer eine 400 m lange Strecke $\overline{AC}$ abgesteckt und von dort folgende Winkel vermessen:

$\measuredangle$ BAC = 67,8° und $\measuredangle$ ACB = 49,3°

Bestimme die Länge der Brücke durch eine maßstäbliche Zeichnung und durch Rechnung auf einem extra Blatt.

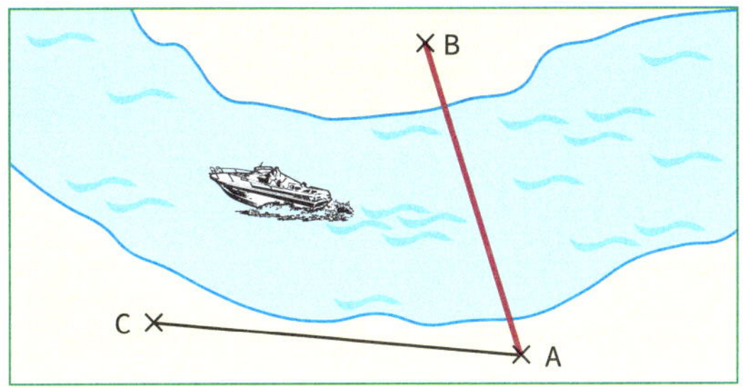

25 Verdienst (Lösung Seite 76)

Herr Berger arbeitet als Verkäufer. Er kann sich in seiner Firma entscheiden, wie sein Verdienst berechnet wird:
Modell 1: 2500 € Grundgehalt plus 4 % Provision vom Umsatz;
Modell 2: kein Grundgehalt, aber dafür 10 % Provision vom Umsatz.

	A	B	C	D
1	Umsatz	Provision (4%)	Verdienst Modell 1	Verdienst Modell 2
2	- €	- €	2.500,00 €	- €
3	10.000,00 €	400,00 €	2.900,00 €	1.000,00 €
4	20.000,00 €	800,00 €	3.300,00 €	2.000,00 €
5	50.000,00 €	2.000,00 €	4.500,00 €	5.000,00 €
6	100.000,00 €	4.000,00 €	6.500,00 €	10.000,00 €

a) Lies aus der Tabelle ab, wie viel Herr Berger bei einem Umsatz von 20 000 € nach Modell 1 mehr verdienen würde als nach Modell 2. ______

b) Gib eine Formel für den Verdienst in Zelle D3 an. Formel: ______

c) Kreuze an, welche Formeln den Verdienst in Zelle C3 liefern.
☐ =B3+2500 ☐ =A3+B3 ☐ = A3*4/100 ☐ =A3*0,04+2500

d) Bei welchem Umsatz ist der Verdienst bei beiden Modellen gleich? ______

26 Riesentasse (Lösung Seite 77)

In Koblenz steht vor einem Café die rechts abgebildete Riesentasse.

a) Schätze folgende Größen: Tassenhöhe: ______

oberer/unterer Tassendurchmesser: ______ / ______

b) Jenny hat die folgenden drei Körper gezeichnet, um das Volumen der Riesentasse damit abzuschätzen. Welcher der drei Körper wird das beste Ergebnis liefern? Kreuze an und begründe deine Antwort.

☐ 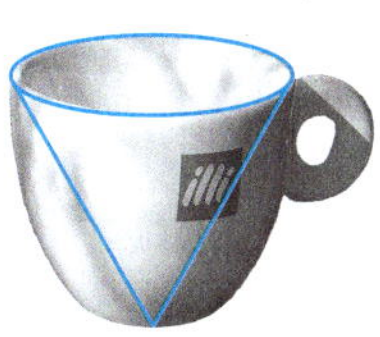 ☐ 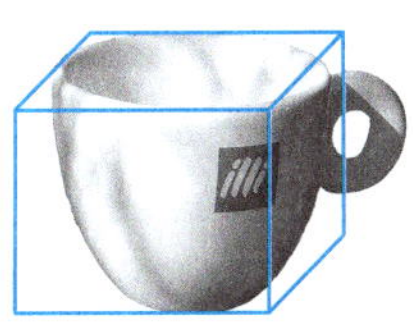 ☐ 

______

______

c) Wie teuer wäre ein Cappuccino in dieser Riesentasse, wenn 0,2 *l* Cappuccino in diesem Café 2,80 € kosten?

______

Lösungen zum Eingangstest und Übungsaufgaben

Auf den folgenden Seiten findest du die ausführlichen Lösungen zu den komplexen Aufgaben des Eingangstests und passende Übungsaufgaben. Kontrolliere deine Ergebnisse und bearbeite auf jeden Fall die Aufgaben, bei denen du noch nicht sicher bist. Die Lösungen der Übungsaufgaben findest du im Lösungsheft.

http://nale.fi/cvqd

1 Preisänderungen (von S. 42)

a) Eine Bluse kostet 74,90 €. Der Preis wird um 35 % gesenkt. Berechne den neuen Preis.
b) Der Preis für einen Anzug wurde um 40 % auf 179,94 € reduziert. Wie teuer war er vorher?
c) Der Preis für ein Rennrad wird um 50 € erhöht und beträgt jetzt 499 €. Um wie viel Prozent wurde der Preis erhöht?

Zu a)
35 % von 74,90 €: $74{,}90\,€ \cdot 0{,}35 \approx 26{,}22\,€$
$74{,}90\,€ - 26{,}22\,€ = 48{,}68\,€$
oder
$100\,\% - 35\,\% = 65\,\%$ $\quad 74{,}90\,€ \cdot 0{,}65 \approx 48{,}68\,€$

Der neue Preis der Bluse ist **48,68 €.**

Zu b)
$60\,\% \mathrel{\hat{=}} 179{,}94\,€$
$1\,\% \mathrel{\hat{=}} \frac{179{,}94\,€}{60}$
$100\,\% \mathrel{\hat{=}} \frac{179{,}94\,€ \cdot 100}{60} = 299{,}90\,€$
kürzer: $x = 179{,}94\,€ : 0{,}6 = 299{,}90\,€$

Der Anzug kostete vorher **299,90 €.**

Zu c)
Gesucht ist der Wachstumsfaktor q.

Neuer Preis: 499 € Alter Preis: 449 €

$449\,€ \cdot q = 499\,€ \quad | : 449\,€$
$q = 499\,€ : 449\,€$
$q = 1{,}1114$

Zu diesem Wachstumsfaktor q gehört der Prozentsatz (gerundet) $p\,\% \approx 11{,}14\,\%$
oder
Wie viel Prozent sind 50 € von 449 €?
$p\,\% = \frac{50\,€}{449\,€} \approx 0{,}1114 = 11{,}14\,\%$

Der Preis wurde um rund **11,14 %** erhöht.

1 Svenja und Silke sind begeisterte Kart-Fahrerinnen. Svenja legt 12 Runden zurück, das sind nur 80 % der Anzahl von Runden, die Silke in derselben Zeit geschafft hat. Wie viele Runden hat Silke geschafft?

2 Ein Reisebüro wirbt für eine 14-tägige Mittelmeer-Kreuzfahrt im September. Der Normalpreis pro Person in einer Außenkabine im B-Deck beträgt 1 990 €. Bei Buchung bis Ende März kostet die Kreuzfahrt in derselben Kategorie nur 1 293,50 €.
Wie viel Prozent gegenüber dem Normalpreis spart man bei Buchung bis Ende März?

3 Gegenüber dem Vorjahr ist ein Auto 8 % billiger geworden. Es kostet jetzt 22 264 €.
Wie teuer war das Auto im Vorjahr?

4 In einer Kleinstadt sind wöchentlich 840 Hausmülltonnen zu leeren. Jede dieser Hausmülltonnen ist erfahrungsgemäß mit durchschnittlich 18 kg Abfall gefüllt.

Durch ein Neubaugebiet hat sich Anfang 2020 die Zahl der Tonnen um 15 % erhöht, zugleich ist auch die durchschnittliche Abfallmenge pro Tonne um 5 % gewachsen.
Wie viel Abfall aus Hausmülltonnen mussten die Stadtreinigungswerke der Kleinstadt 2020 insgesamt abtransportieren?

5 Zum Schuljahresbeginn 2019/2020 nahm eine neue Schule ihren Betrieb mit wenigen Schülerinnen und Schülern auf. 2020/2021 waren es schon 50 % mehr, zum Schuljahresbeginn 2021/2022 noch einmal 40 % mehr, nämlich 189.
Mit wie vielen Schülerinnen und Schülern nahm die Schule den Betrieb auf?

1 Dieser Turm aus Holz steht als Modell vor dem Eingang zu einer Ausstellung.

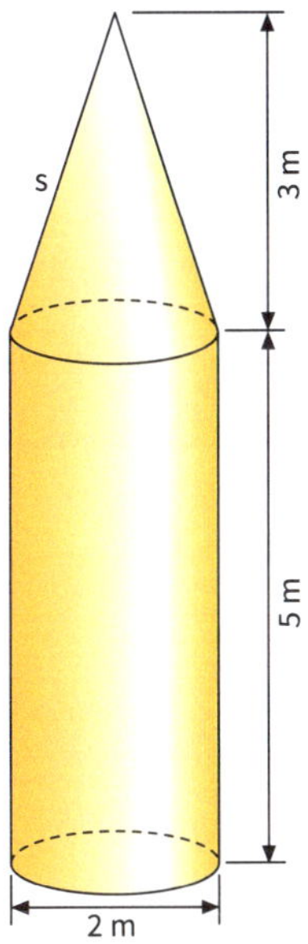

a) Ein Kubikmeter Holz wiegt 0,76 t. Wie schwer ist das Modell insgesamt? Runde auf eine Nachkommastelle.

b) Das Modell soll einen Schutzanstrich erhalten, damit es vor der Witterung geschützt ist. Pro Quadratmeter wird ein halber Liter Farbe gebraucht. Wie viel Liter Farbe werden insgesamt benötigt?
Hinweis: Berechne zunächst s.

2 In den abgebildeten Holzzylinder wird ein 5 cm tiefes Loch mit dem Radius 2 cm gebohrt.
1 cm^3 Holz wiegt 0,76 g.
Berechne die Masse des Werkstücks.

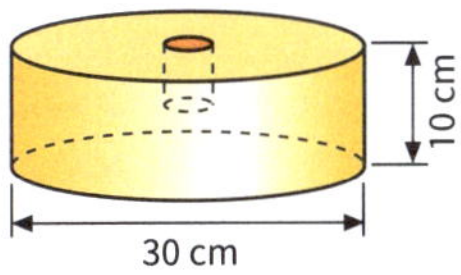

3 Die Skizze zeigt ein Werkstück aus Aluminium. Es besteht aus einer quadratischen Pyramide mit einer kegelförmigen Aushöhlung. Der Winkel zwischen den Seitenflächen und der Grundfläche beträgt 67°. Die Höhe des Kegels beträgt die Hälfte der Höhe der Pyramide.

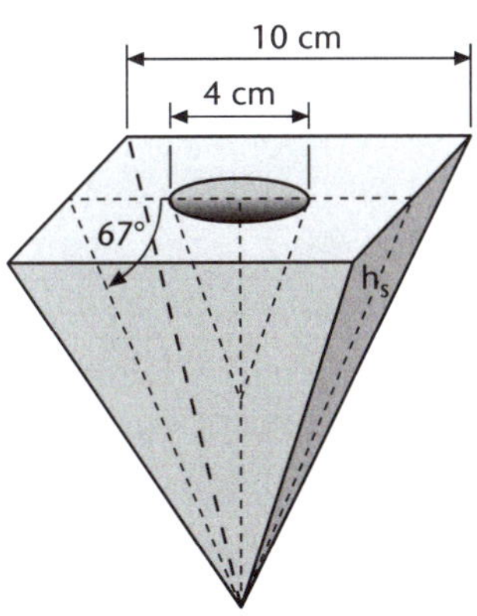

a) Berechne die Höhe der Pyramide.

b) Wie groß ist das Volumen des Werkstücks?

c) Ein Kubikzentimeter Aluminium wiegt 2,7 g. Berechne die Masse des Werkstücks in kg.

2 Werkstück (von S. 42)

http://nale.fi/mndq

Das abgebildete Werkstück ist ein Quader, aus dem oben eine Halbkugel mit dem Radius 5 cm gefräst wurde (Maße in cm). Das Werkstück besteht aus Stahl mit der Dichte 7,9 $\frac{g}{cm^3}$.

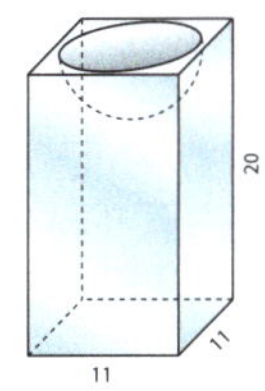

a) Berechne die Masse m des Werkstücks.

b) Berechne den Oberflächeninhalt.

Zu a)
Volumen Werkstück =
Volumen Quader – Volumen Halbkugel
Das Volumen des Quaders beträgt:
$V_Q = 11\text{ cm} \cdot 11\text{ cm} \cdot 20\text{ cm} = 2420\text{ cm}^3$
Das Volumen der Kugel beträgt:
$V_K = \frac{4}{3} \cdot \pi \cdot (5\text{ cm})^3 = \frac{4}{3} \cdot \pi \cdot 125\text{ cm}^3 \approx 523{,}6\text{ cm}^3$
Das Volumen der Halbkugel beträgt dann
$V_{HK} = 523{,}6\text{ cm}^3 : 2 = 261{,}8\text{ cm}^3$
Das Volumen des Werkstücks beträgt dann
$V_Q - V_{HK} = 2420\text{ cm}^3 - 261{,}8\text{ cm}^3 = 2158{,}2\text{ cm}^3$

Da jeder Kubikzentimeter Stahl 7,9 g wiegt, ergibt sich die **Masse m** des Werkstücks aus:
$m = 7{,}9\,\frac{g}{cm^3} \cdot 2158{,}2\text{ cm}^3 = 17049{,}78\text{ g} \approx$ **17 kg**

Zu b)

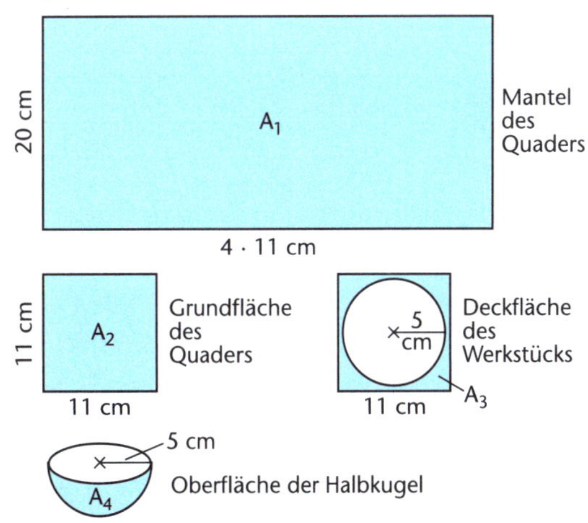

$A_1 = 20\text{ cm} \cdot 44\text{ cm} = 880\text{ cm}^2$
$A_2 = (11\text{ cm})^2 = 121\text{ cm}^2$
$A_3 = 121\text{ cm}^2 - \pi \cdot (5\text{ cm})^2 \approx 42{,}5\text{ cm}^2$
$A_4 = \frac{1}{2} \cdot 4 \cdot \pi \cdot r^2 = 2\pi \cdot (5\text{ cm})^2 \approx 157{,}1\text{ cm}^2$

$O = A_1 + A_2 + A_3 + A_4$
$O = 880\text{ cm}^2 + 121\text{ cm}^2 + 42{,}5\text{ cm}^2 + 157{,}1\text{ cm}^2$
$O = 1200{,}6\text{ cm}^2$

Der **Oberflächeninhalt ist ca. 1201 cm²** groß.

http://nale.fi/hhqs

3 Straßenbahnfahrplan (von S. 42)

Der grafische Fahrplan gibt Auskunft über die Fahrt einer Straßenbahn vom Bahnhof (Bhf.) bis zum Tierpark mit den Zwischenhalten Rosentor, Nordheide und Stadion.

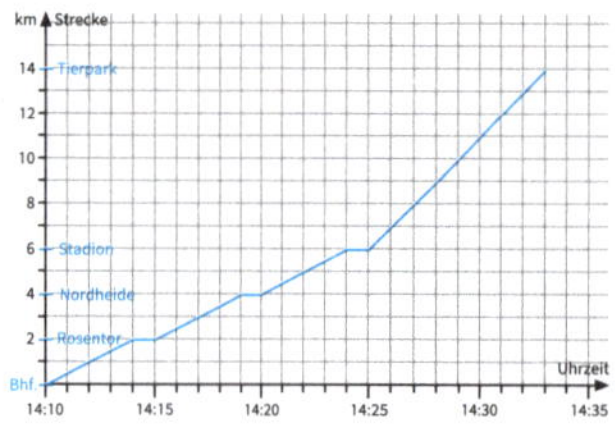

a) Gib die Entfernung zwischen den Haltestellen Bahnhof und Tierpark an.

b) Bestimme mithilfe der Grafik die Durchschnittsgeschwindigkeiten zwischen den Haltestellen.

c) Vervollständige mithilfe der Grafik den Fahrplan mit Ankunfts- und Abfahrtzeiten.

Zu a)

Die Entfernung zwischen den Haltestellen Bahnhof und Tierpark lässt sich aus dem Weg-Zeit-Diagramm ablesen. Sie **beträgt 14 km.**

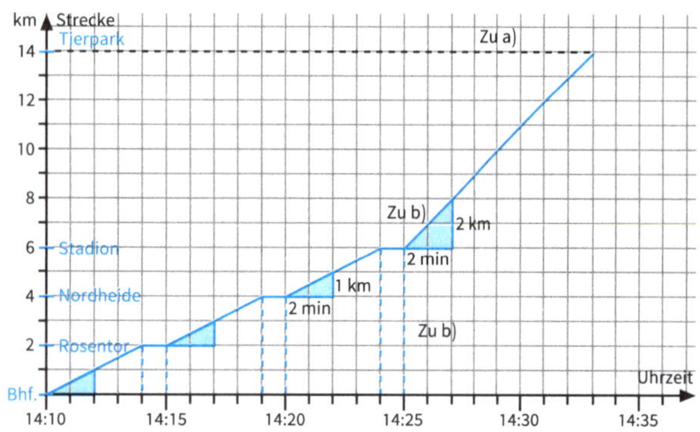

Zu b)

Je schneller die Straßenbahn fährt, desto steiler steigt der Graph an. Drei der vier Steigungsdreiecke sind kongruent, d.h., vom Bahnhof bis Stadion fährt die Straßenbahn zwischen den Haltestellen mit gleicher Durchschnittsgeschwindigkeit ($\frac{1\,\text{km}}{2\,\text{min}}$, **also 30** $\frac{\text{km}}{\text{h}}$). Vom Stadion bis zum Tierpark fährt sie schneller ($\frac{2\,\text{km}}{2\,\text{min}}$, **also 60** $\frac{\text{km}}{\text{h}}$).

Zu c)

Haltestelle	Uhrzeit	
Bahnhof	ab	**14:10**
Rosentor	an	**14:14**
	ab	**14:15**
Nordheide	an	**14:19**
	ab	**14:20**
Stadion	an	**14:24**
	ab	**14:25**
Tierpark	an	**14:33**

1 Die Klasse 10a veranstaltet um 20:00 Uhr eine Party im Jugendheim. Ina und Paul machen sich mit dem Fahrrad auf den Weg.

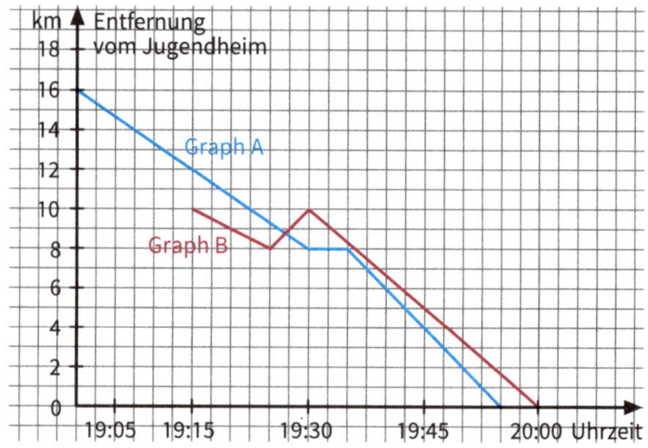

a) Ina startet 19:00 Uhr. Graph A beschreibt ihre Fahrt. Beurteile anhand dieser Darstellung, ob die Aussagen zutreffen können.

Nach einer Viertelstunde hat Ina bereits 5 km zurückgelegt.	☐ Ja	☐ Nein
Nach 30 Minuten legt Ina eine Rast ein.	☐ Ja	☐ Nein
Anfangs fährt Ina durchschnittlich 8 $\frac{\text{km}}{\text{h}}$.	☐ Ja	☐ Nein

b) 15 Minuten nach Ina beginnt Paul seine Fahrt. Diese ist in Graph B dargestellt. Beschreibe, wie sie verlaufen sein könnte.

c) Mit welcher konstanten Geschwindigkeit hätte Paul die gesamte Strecke fahren müssen, um 15 Minuten vor Ina anzukommen?

2 Eine 8 km lange Wanderung führt die Klasse 10 b auf das Nebelhorn.

> Die ersten Kilometer geht es nur leicht bergauf, und die Gruppe kommt gut voran. Dann fordert ein Klettersteig (K) die Kondition aller heraus. Gut, dass am Ende des Steigs eine Hütte (H) zur Rast einlädt. Von hier aus führt ein fast ebener Weg zum Gipfelkreuz (G).

Skizziere in einem Koordinatensystem einen zu der Beschreibung passenden Graphen für die Zuordnung *Zeit t* → *Weg s*.
Trage K, H und G am Graphen ein.

1 Die Grafik zeigt die Entwicklung der Aktie der Firma UV in den Monaten Januar bis Juni.

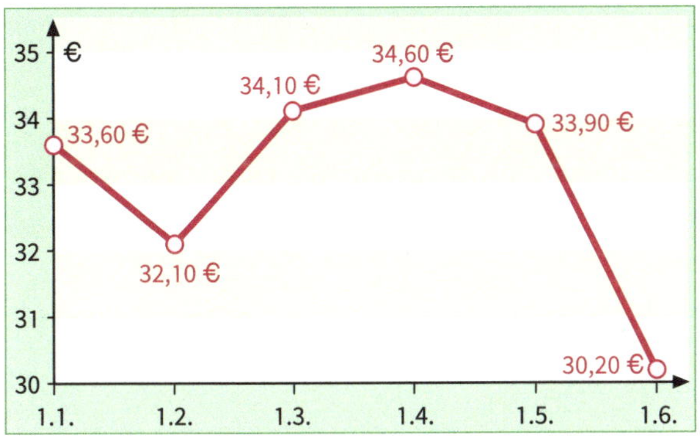

a) Um wie viel Prozent hat die Aktie der Firma UV vom 1.5. bis 1.6. verloren?

b) Im letzen Jahr hatte die Aktie der Firma durchschnittlich einen Wert von 33,65 €. Hat sie diesen Durchschnittswert auch in den dargestellten sechs Monaten erreicht?

c) Die Grafik vermittelt den Eindruck, als sei die Aktie der Firma UV vom 1.5. bis 1.6. so abgestürzt, dass sie fast nichts mehr wert ist. Wodurch entsteht dieser Eindruck?

d) Zeichne ein Säulendiagramm, das die Entwicklung des Aktienkurses vom 1.1. bis 1.6. realistisch darstellt.

2 Die Klasse 10a führte eine Befragung zur Computernutzung in zwei 7. Klassen durch.

	7a	davon befragt	7b	davon befragt
Mädchen	14	11	16	14
Jungen	16	13	16	12

a) Wie viel Prozent der Mädchen und Jungen aus der Klasse 7a haben an der Umfrage teilgenommen?

b) Stelle für die Klasse 7b in einem Kreisdiagramm die Anteile der Jungen und Mädchen in der Klasse und die jeweiligen Anteile der Mädchen und Jungen, die befragt wurden, dar.

c) Von den Befragten nutzten den Computer 45 % für Emails, 84 % zum Chatten, 72 % zum Spielen und 38 % für Internetrecherchen. Ist es sinnvoller, die Umfrageergebnisse in einem Kreisdiagramm oder in einem Säulendiagramm darzustellen? Begründe deine Antwort.

4 Fahrradurlaub (von S. 43)

http://nale.fi/erch

Die Grafik (siehe S. 43) zeigt, wie sich der Verbrauch eines Autos ändert, wenn man einen Dach- oder Heckträger (mit Fahrrädern) montiert.

a) Lennard behauptet, dass bei 80 $\frac{km}{h}$ der Verbrauch eines Autos mit zwei Fahrrädern auf dem Dachträger ungefähr doppelt so hoch ist wie bei einem Auto ohne Aufbau. Nimm Stellung zu dieser Aussage.

b) Herr Tropper fährt immer mit einem Dachträger. Diesmal hat er aber darauf noch zwei Fahrräder montiert. Um wie viel Prozent steigt dadurch der Verbrauch bei 120 $\frac{km}{h}$?

c) Herr und Frau Tropper überlegen, ob sie auf dem Dachträger des Autos ihre beiden Fahrräder in den Urlaub nach Schweden mitnehmen. Herr Tropper fährt im Schnitt 100 $\frac{km}{h}$. Erstelle einen Graphen, der den Gesamtverbrauch für beide Varianten (mit und ohne Fahrräder) in Abhängigkeit von der zurückgelegten Strecke beschreibt.
Benutze dafür das rechts abgebildete Koordinatensystem.

Zu a)
Lennards **Aussage ist falsch.**
Man muss beachten, dass die y-Achse nicht bei 0 beginnt. Entsprechend muss man die Werte von 4 Liter bzw. 5 Liter pro 100 km vergleichen.

Zu b)
Bei 120 $\frac{km}{h}$ lesen wir ab:
Der Verbrauch mit leerem Dachgepäckträger liegt bei ca. 5,6 Liter pro 100 km, mit zwei Fahrrädern auf dem Dach bei ca. 7,1 Liter pro 100 km.
Mit dem Dreisatz kann man nun den prozentualen Anstieg bestimmen:
5,6 Liter ≙ 100 %
1,0 Liter ≙ 17,86 % (= 100 % : 5,6)
7,1 Liter ≙ 126,8 % (= 17,86 % · 7,1)
Also steigt der Verbauch um **ungefähr 27 %.**

Zu c)

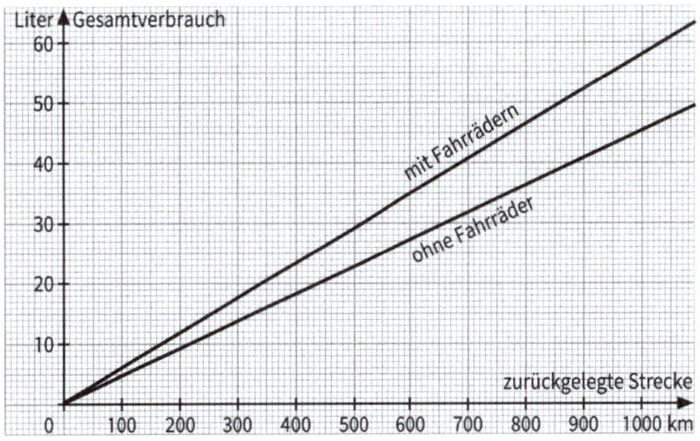

http://nale.fi/gpun

5 Herzogstandbahn (von S. 43)

Der Kartenausschnitt (siehe S. 43) zeigt ein Wandergebiet in der Nähe von München. Anhand der Höhenlinien kann man erkennen, wie steil das Gelände ist. Eine Höhenlinie verbindet jeweils Punkte der Erdoberfläche, die auf gleicher Höhe über dem Meeresspiegel (ü. M.) liegen. Wer sich den anstrengenden Aufstieg auf den Fahrenberg sparen will, benutzt den Sessellift. Die Herzogstandbahn bringt in nur 4 Minuten ihre Gäste von der Talstation am Walchensee auf den Fahrenberg.
Wie lang ist die Strecke, die eine Kabine bei ihrer Fahrt auf den Berg zurücklegt?

Die Länge der gesuchten Strecke ermittelt man mithilfe des Satzes des Pythagoras.

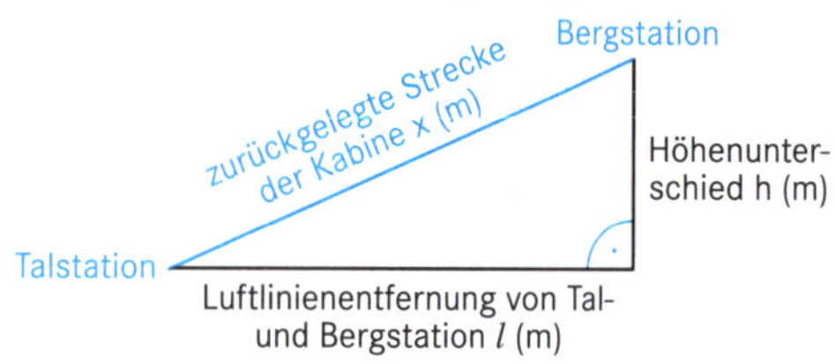

Zunächst bestimmen wir den Höhenunterschied zwischen Tal- und Bergstation.
An den Höhenlinien lesen wir ab:
Talstation 830 m ü. M.
Bergstation 1580 m ü. M.
Der Höhenunterschied h beträgt also 750 m.

Die Luftlinienentfernung (Entfernung über Grund) l zwischen Tal- und Bergstation bestimmt man in zwei Schritten:
(1) Entfernung der beiden Orte in der abgebildeten Karte messen.
(2) Kartenmaßstab nutzen.

Zu (1) Der Abstand zwischen Tal- und Bergstation in der Karte beträgt 5 cm.
Zu (2) Der Maßstab 1 : 20 000 bedeutet:
1 cm auf einer Karte entsprechen 20 000 cm in der Wirklichkeit. Man muss die gemessene Strecke also mit 20 000 multiplizieren:
$5 \text{ cm} \cdot 20\,000 = 100\,000 \text{ cm}$.
Die Entfernung l zwischen den beiden Orten beträgt in der Realität also etwa 1000 m.
Jetzt lässt sich die gesuchte Strecke x mit dem Satz des Pythagoras ermitteln:
$x^2 = h^2 + l^2$
$x^2 = (750 \text{ m})^2 + (1000 \text{ m})^2 = 1\,562\,500 \text{ m}^2$
$x \approx 1250 \text{ m}$
Die Kabine legt also eine Strecke von ungefähr **1250 m** zurück.

1 Bestimme die Länge der blau eingetragenen Strecke im Dreieck. Runde auf mm.

a)
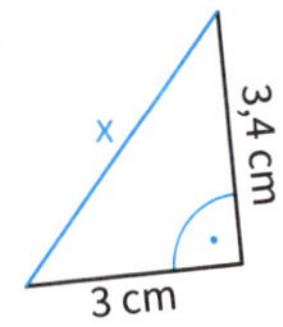

b)
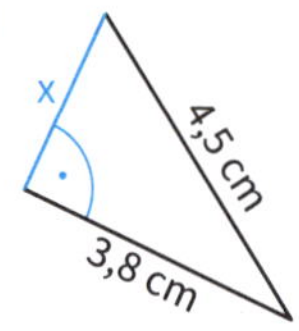

c)
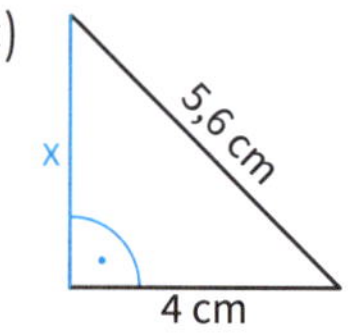

d)
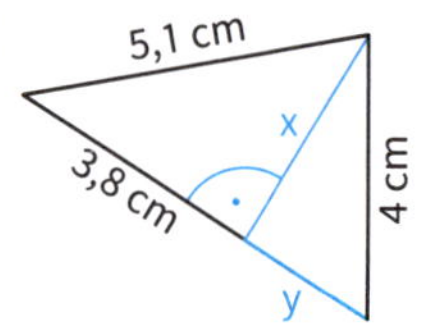

2 Das sogenannte „Haus des Nikolaus“ ist ein bekanntes Zeichenspiel und Rätsel. Man löst es, wenn man es schafft, das Haus in einem Zug zu zeichnen und dabei keine Strecke zweimal zu durchlaufen.

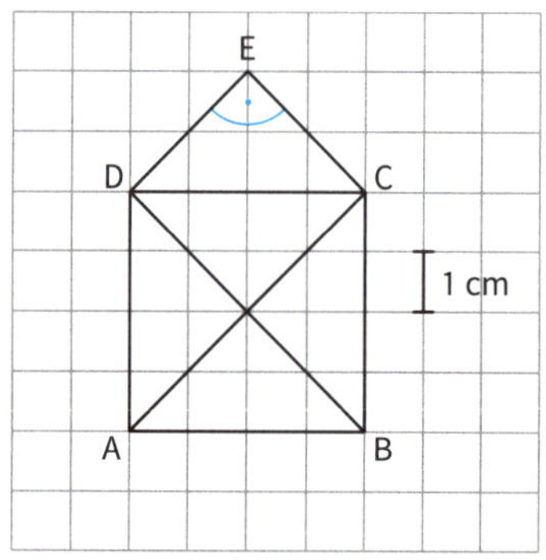

Bestimme rechnerisch die Länge des gesamten Streckenzuges. Runde das Ergebnis auf mm.

3 Bei Skisprungwettbewerben werden häufig Seilkameras eingesetzt. Sie liefern Aufnahmen der Skispringer aus der Vogelperspektive und übertragen diese an verschiedene Fernsehsender. In der Skizze ist eine Seilkamera an einem Tragseil befestigt, das zwischen zwei 12 m hohen Stahlpfosten über die Sportstätte gespannt ist.
Wie lang ist das Tragseil?

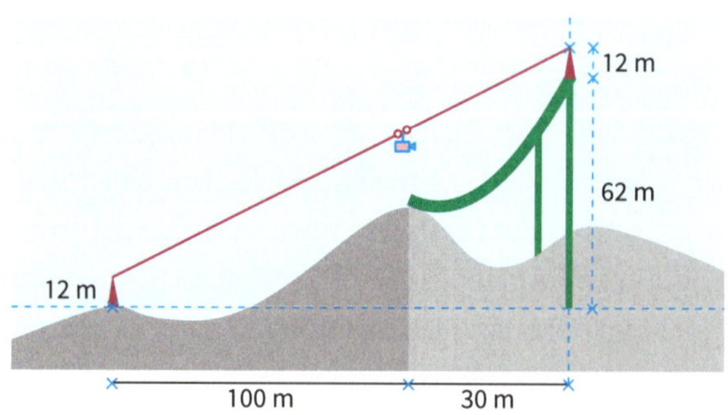

1 Vier Konservendosen werden von einem Plastikband umfasst. Jede Dose hat einen Radius von 5 cm.
Berechne die Länge des Plastikbandes.

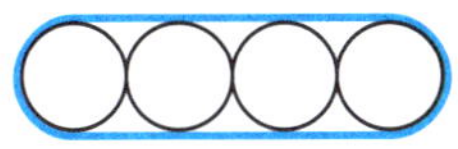

2 Sechs Konservendosen werden wie in der Abbildung gezeigt von einem Plastikband umfasst. Jede Dose hat einen Radius von 6 cm.
Berechne die Bandlänge.

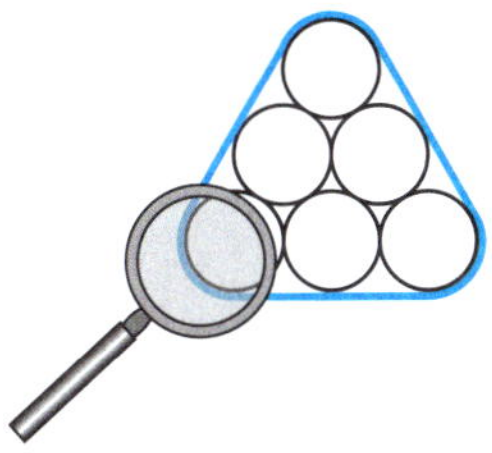

Hinweis: Das Lupenbild hilft dir bei der Lösung der Aufgabe. Überlege dazu, wie groß der Winkel α und demzufolge der Winkel β ist.

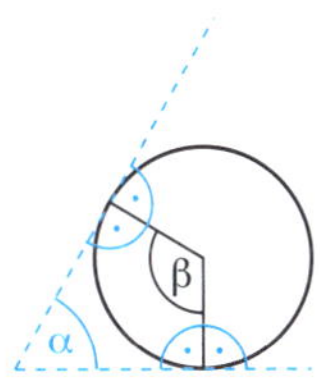

3 Der Kreis hat einen Radius von r = 8 cm.

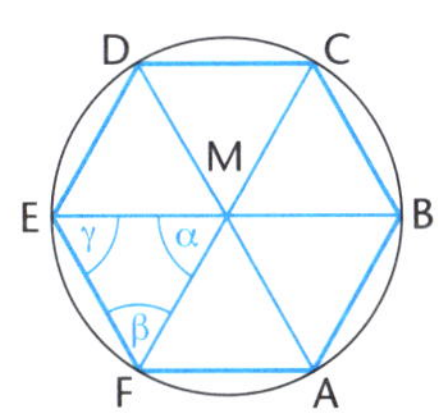

a) Berechne im Dreieck FME die Größe der Winkel.

b) Berechne den Umfang des regelmäßigen Sechsecks ABCDEF.

c) Um wie viel Prozent ist der Umfang des Kreises größer als der Umfang des regelmäßigen Sechsecks?

d) Welche Höhe hat das Trapez BCDE? Ermittle diese Höhe mit einer Zeichnung und berechne anschließend den Flächeninhalt des Trapezes.

e) Wie vergrößert sich der Flächeninhalt des Sechsecks, wenn der Radius des Umkreises verdoppelt wird? Wie vergrößert sich gleichzeitig der Umfang des Sechsecks?

4 Aus einer quadratischen Sperrholzplatte mit einer Fläche von 0,25 m² wird der größtmögliche Kreis ausgeschnitten.

a) Berechne Flächeninhalt und Umfang des Kreises.

b) Wie viel Prozent der ursprünglichen Platte sind Abfall?

6 Konservendosen (von S. 44)

Sechs Konservendosen werden von einem Plastikband umfasst. Jede Dose hat einen Radius von 4 cm.

a) Berechne die Länge des Plastikbandes.

b) Reicht für Dosen mit doppeltem Radius ein doppelt so langes Plastikband? Begründe deine Antwort.

http://nale.fi/bggw

Zu a)
Zur Berechnung der Länge des Bandes unterteilt man es in gerade und gekrümmte Stücke.

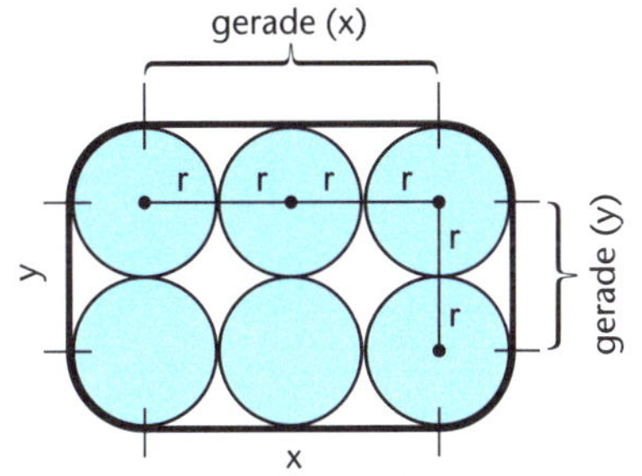

$x = 4 \cdot \text{Radius}$ $\quad$ $y = 2 \cdot \text{Radius}$
$x = 4 \cdot 4\text{ cm}$ $\quad$ $y = 2 \cdot 4\text{ cm}$
$x = 16\text{ cm}$ $\quad$ $y = 8\text{ cm}$

Die vier gekrümmten Stücke entsprechen jeweils dem Viertelkreis, bilden zusammen also einen ganzen Kreis, dessen Umfang zu berechnen ist.

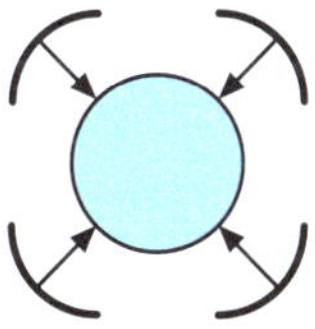

$u = 2 \cdot \pi \cdot r$
$u = 2 \cdot \pi \cdot 4\text{ cm}$
$u \approx 25{,}1\text{ cm}$

Die Gesamtlänge des Bandes berechnet sich so: $l = 2x + 2y + u$ $\quad$ |x und y durch r ausdrücken
$l = 2 \cdot 4r + 2 \cdot 2r + 2\pi r$
$l \approx 8r + 4r + 2\pi r$
$\mathbf{l \approx 73{,}1\ cm}$

Zu b)
Gesamtlänge l_1 des Bandes mit Radius r:
$l_1 = 2x + 2y + u$ $\quad$ |x und y durch r ausdrücken
$l_1 = 2 \cdot 4r + 2 \cdot 2r + 2\pi r$
$l_1 = 8r + 4r + 2\pi r$
$l_1 = 12r + 2\pi r$
$l_1 = r\,(12 + 2\pi)$

Gesamtlänge l_2 mit doppeltem Radius:
$l_2 = 2r\,(12 + 2\pi)$

Ein doppelt so langes Band reicht also.

http://nale.fi/wsdg

7 Gläser (von S. 44)

Ein Likörglas und ein Rotweinglas werden mit Wasser gefüllt.

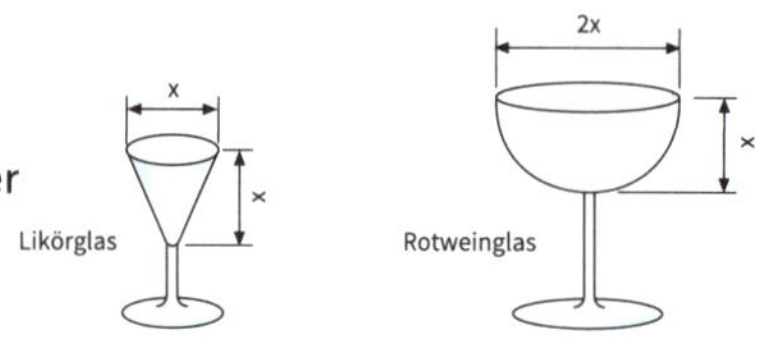

a) Wie viele vollständig gefüllte Likörgläser werden benötigt, um das Rotweinglas bis zum Rand zu füllen?

b) Welcher der abgebildeten Graphen zeigt am besten, wie sich die Höhe h des Flüssigkeitsspiegels beim gleichmäßigen Befüllen des **Rotweinglases** in Abhängigkeit von der Zeit t ändert? Kreuze an.

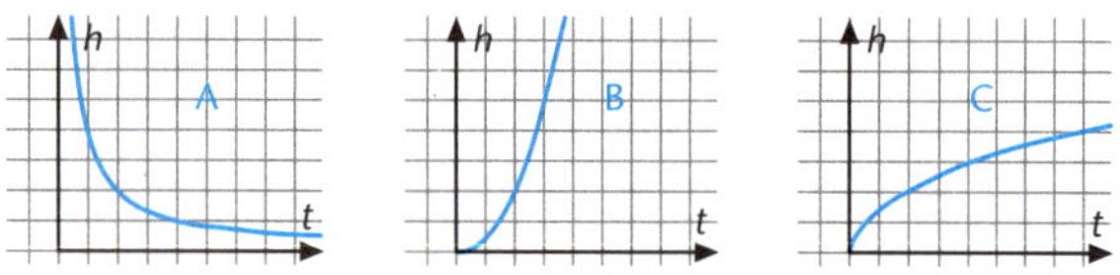

Zu a)

Zunächst muss das Volumen jedes Glases mit einem Term beschrieben werden.

– Der Kelch des Likörglases hat die Form eines auf die Spitze gestellten Kegels mit $r = \frac{1}{2}x$ und $h = x$. Also:

$$V_{\text{Likörglas}} = \frac{1}{3} \cdot \pi \cdot \left(\frac{1}{2}x\right)^2 \cdot x = \frac{1}{3} \cdot \pi \cdot \frac{1}{4}x^2 \cdot x = \frac{1}{12}\pi \cdot x^3$$

– Der Kelch des Rotweinglases hat die Form einer Halbkugel mit $r = x$. Also:

$$V_{\text{Rotweinglas}} = \frac{1}{2} \cdot \frac{4}{3} \cdot \pi \cdot x^3 = \frac{2}{3} \cdot \pi \cdot x^3$$

Aus $\left(\frac{1}{12}\pi \cdot x^3\right) \cdot \mathbf{8} = \frac{2}{3} \cdot \pi \cdot x^3$ folgt: **8** randvolle Likörgläser füllen das Rotweinglas.

Zu b)

Je höher ein Punkt des Graphen liegt, desto voller ist das Gefäß.

A: Zu Beginn nimmt die Füllhöhe für eine kurze Zeit rapide, später immer langsamer ab.

B: Die Füllhöhe steigt zu Beginn ein wenig, später immer stärker an.

C: Der Flüssigkeitsspiegel steigt für kurze Zeit rasch, später immer weniger stark an.

Da das Rotweinglas nach oben zunehmend breiter wird und in gleicher Zeit stets die gleiche Flüssigkeitsmenge in das Glas fließt, steigt die Füllhöhe immer langsamer an.

Deshalb: **Richtig ist der Graph C.**

1 Ein quaderförmiger Behälter besitzt die in der Zeichnung angegebenen Innenmaße.

Er wird langsam mit einer Flüssigkeit gefüllt. Pro Minute fließen 150 cm^3 in den Behälter.

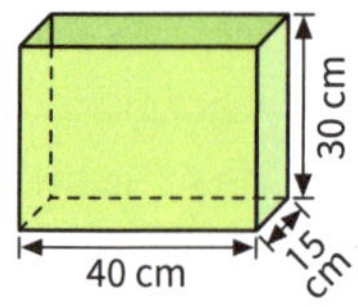

a) Welches Volumen hat der Behälter?

b) Nach wie viel Minuten ist der Behälter voll?

c) Skizziere den Graphen der Funktion f: Zeit x (in min) → Füllhöhe y (in cm).

d) Wie lautet die zu f gehörende Funktionsgleichung?

2 Der abgebildete Behälter wird mit einer Flüssigkeit gefüllt.

In jeder Minute 150 cm^3 fließen in den Behälter.

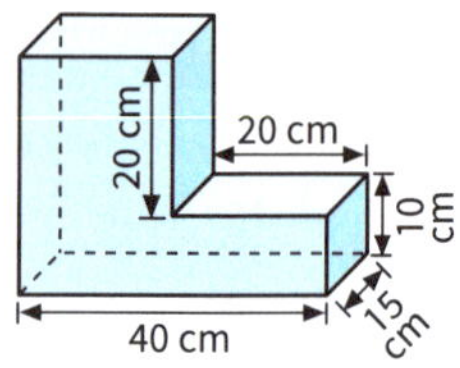

a) Nach wie viel Minuten ist jetzt der Behälter bis zum Rand gefüllt?

b) Skizziere den Graphen dieses Füllvorgangs im Koordinatensystem.

3 Verschiedene Gefäße werden gleichmäßig mit Wasser gefüllt.

a) Ordne jedem Gefäß den Graphen zu, der dessen Füllvorgang am besten darstellt.

A

B

C

D

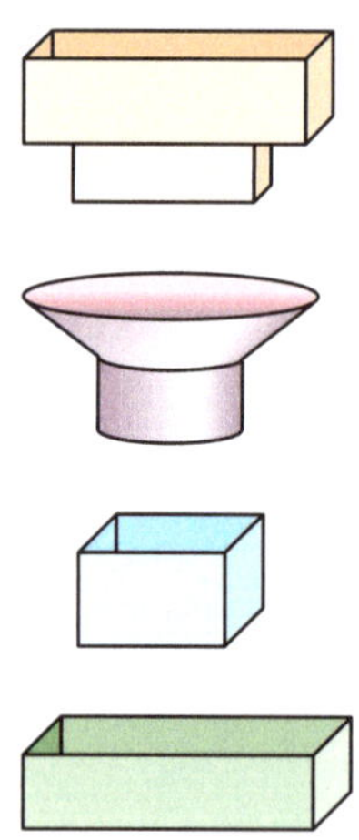

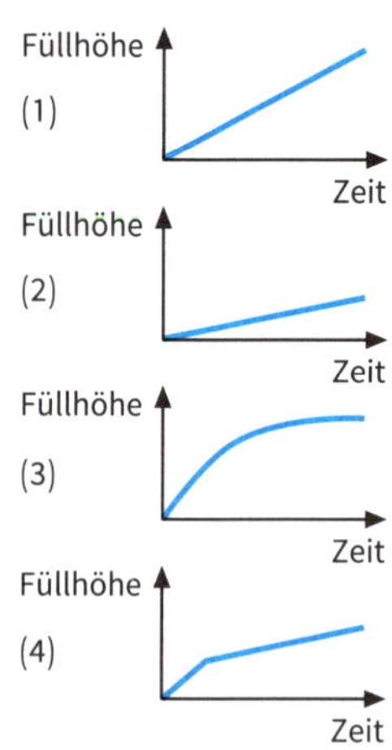

b) Skizziere ein Gefäß, dessen Füllvorgang zu diesem Graphen passt.

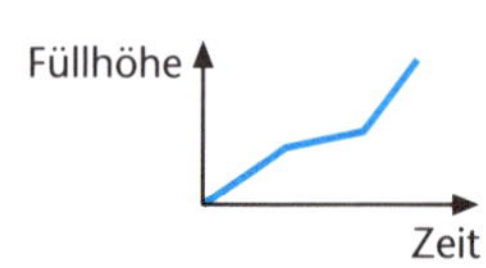

1 Nur zwei Angaben geben den Anteil der hellen Spielsteine auf dem Bild richtig wieder. Ordne zu.

20 %, ein Drittel, jeder Vierte, 40 %, 25 %, jeder Fünfte

2 Zwei Ausdrücke beschreiben denselben Anteil. Ordne die Zahlen den Buchstaben zu.

(1)	jeder Zweite
(2)	fast die Hälfte
(3)	10 %
(4)	niemand
(5)	100 %

(A)	ein Zehntel
(B)	0 %
(C)	alle
(D)	50 %
(E)	49 %

3 Diese Schulnachrichten enthalten Fehler. Zeige rechnerisch, welche mathematische Aussage nicht mit dem Text übereinstimmt und korrigiere den Fehler.

(A) Jeder vierte Junge (4 %) der Klassenstufe 10 ist aktives Mitglied eines Sportvereins.

(B) Ein Zwanzigstel aller Schüler erhielten bei den Bundesjugendspielen eine Siegerurkunde. Letztes Jahr waren es sogar 5 %.

(C) Ein Fünftel aller Siebtklässler kommt mit dem Bus zur Schule. Unter den Achtklässlern sind es mit 25 % deutlich weniger.

4 Aus dem Mitteilungsblatt des FC Dribbel:

In der vorletzten Saison gewann unsere 1. C-Jugend-Mannschaft jedes dritte Spiel. Die letzte Saison verlief deutlich besser. Nach jedem sechsten Spiel verließ unsere Mannschaft als Sieger den Platz. Der Vereinsvorsitzende äußerte daher stolz: „Dies ist eine Steigerung um 50 %."

Was sagst du dazu?

5 Fuhr vor einigen Jahren noch jeder zehnte Autofahrer zu schnell, so ist es heute ‚nur noch' jeder fünfte. Doch auch fünf Prozent sind zu viele, und so wird weiterhin kontrolliert, und die Schnellfahrer haben zu zahlen.

Die Meldung ist fehlerhaft. Begründe.

8 Agenturmeldung (von S. 44)

Vor allem in Thüringen und Sachsen hängt oder liegt die *weiße Bluse* bei fast jeder neunten Frau (87,4 Prozent) im Schrank, ergab jetzt eine Umfrage.

Die nebenstehende Pressemeldung ist fehlerhaft. Begründe und korrigiere den Text.

http://nale.fi/upwr

Die Meldung ist fehlerhaft, denn „jede neunte Frau" bedeutet:

Bei einer von neun Frauen hängt eine weiße Bluse im Schrank.

1 von 9 = $\frac{1}{9} \approx 0{,}11 = \frac{11}{100} = 11\,\%$

Unter 100 Frauen sind dann etwa elf Frauen zu finden, bei denen eine weiße Bluse im Schrank hängt.

Laut Agenturmeldung ist die weiße Bluse als Kleidungsstück sehr beliebt, nämlich bei 87,4 % der Frauen, d. h. unter 100 Frauen gibt es etwa 87, unter zehn Frauen sind etwa neun zu finden, bei denen eine weiße Bluse im Schrank hängt.

Richtig müsste die Meldung also lauten:
„Vor allem in Thüringen und Sachsen hängt oder liegt die weiße Bluse bei **etwa neun von zehn Frauen (87,4 Prozent)** im Schrank, ergab jetzt eine Umfrage."

Weitere Möglichkeit:
Da 87,4 % ≈ 88 % ≈ $\frac{8}{9}$ gilt, hätte man auch schreiben können:
„Vor allem in Thüringen und Sachsen hängt oder liegt die weiße Bluse **bei etwa acht von neun Frauen (87,4 Prozent)** im Schrank, ergab jetzt eine Umfrage."

http://nale.fi/gbbe

9 Kugelstoßen (von S. 45)

Hier siehst du den ersten Teil der Flugbahn einer gestoßenen Kugel (Maße in m).

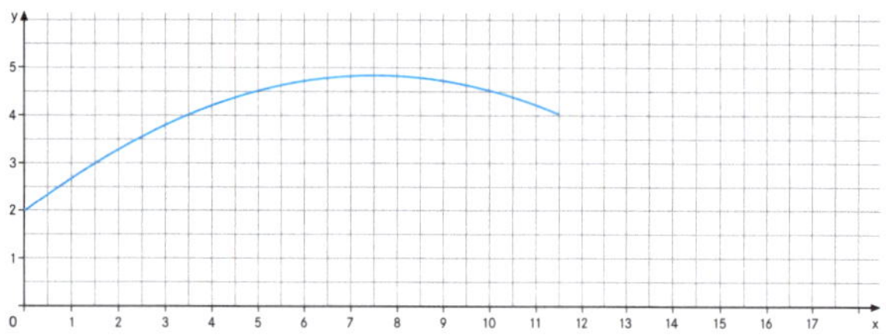

Die Flugbahn kann näherungsweise mit der Funktionsgleichung $f(x) = -0{,}05x^2 + 0{,}75x + 2$ beschrieben werden.

a) Lies am Graphen ab, aus welcher Höhe die Kugel abgestoßen wurde.

b) Berechne, welche maximale Höhe die Kugel erreicht. Kontrolliere dein Ergebnis am Graphen.

c) Berechne die Kugelstoßweite und vervollständige die Flugbahn.

Zu a)

Die Kugel wird aus **2 m Höhe** abgestoßen (Punkt auf der y-Achse).

Zu b)

Die Funktionsgleichung wird auf die Scheitelpunktform gebracht (quadratische Ergänzung).

$f(x) = -0{,}05 \cdot (x^2 - 15x - 40)$

$f(x) = -0{,}05 \cdot (x^2 - 15x + 7{,}5^2 - 7{,}5^2 - 40)$

$f(x) = -0{,}05 \cdot ((x - 7{,}5)^2 - 96{,}25)$

$f(x) = -0{,}05 \cdot (x - 7{,}5)^2 + 4{,}8125$

Die Kugel erreicht eine **Höhe von 4,81 m.**

Das passt zu dem y-Wert, den man am Graphen an der Stelle $x = 7{,}5$ abliest.

Zu c)

Wenn die Kugel am Boden aufprallt, ist die Flughöhe $f(x) = 0$.

$-0{,}05x^2 + 0{,}75x + 2 = 0 \quad | : (-0{,}05)$

$x^2 - 15x - 40 = 0 \quad |$ p-q-Formel

$x_{1/2} = 7{,}5 \pm \sqrt{7{,}5^2 + 40}$

$x_{1/2} = 7{,}5 \pm \sqrt{96{,}25}$

$x_1 \approx 17{,}31 \qquad (x_2 \approx -2{,}31)$

Die Kugel wird **17,31 m** weit gestoßen.

Das ist die **vollständige Flugbahn:**

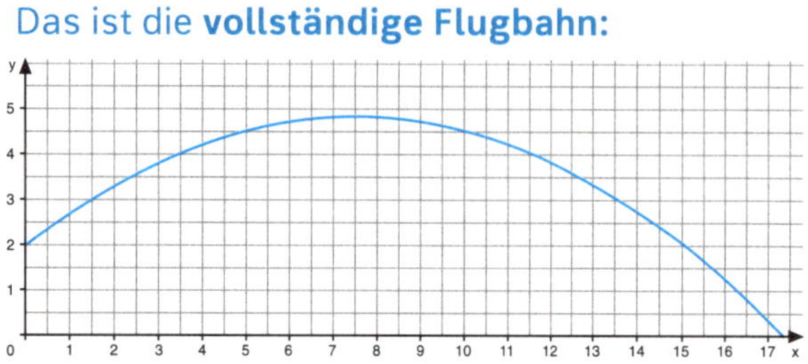

1 Ein Brückenbogen hat die Form einer Parabel mit der Gleichung $f(x) = y = -0{,}04x^2 + 38$

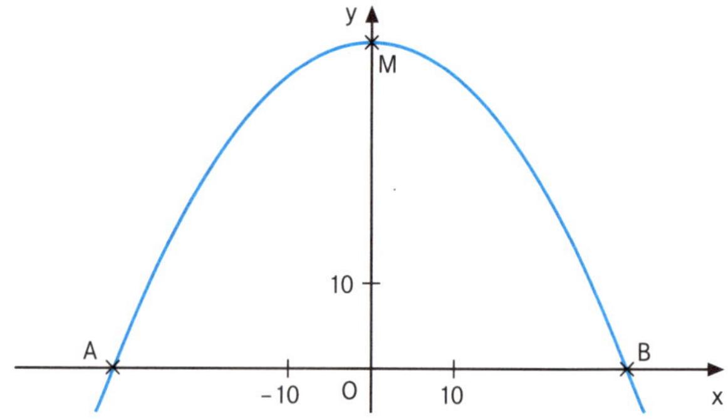

a) Wie lang ist die Strecke $\overline{OM}$?

b) Wie lang ist die Strecke $\overline{AB}$?

2 Die Zeichnung zeigt schematisch den Ablauf eines Weitsprungs. Das Gesäß des Springers bewegt sich etwa auf einer Parabel mit der Gleichung $y = -0{,}08x^2 + 0{,}4x + 0{,}7$.

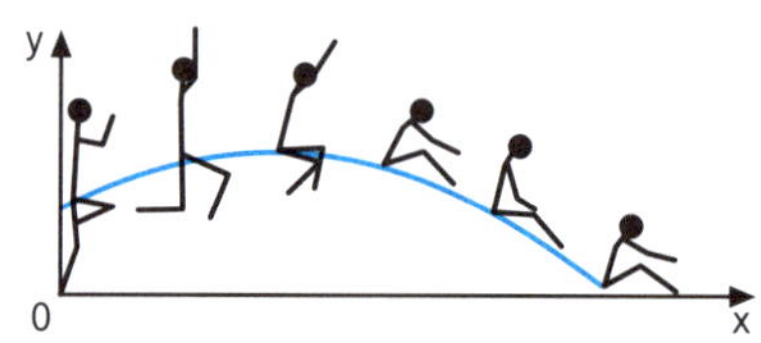

Wie weit vom Absprung entfernt setzt der Springer im Sand auf?

3 Elke versucht einen Korbwurf. Trifft sie? Begründe.

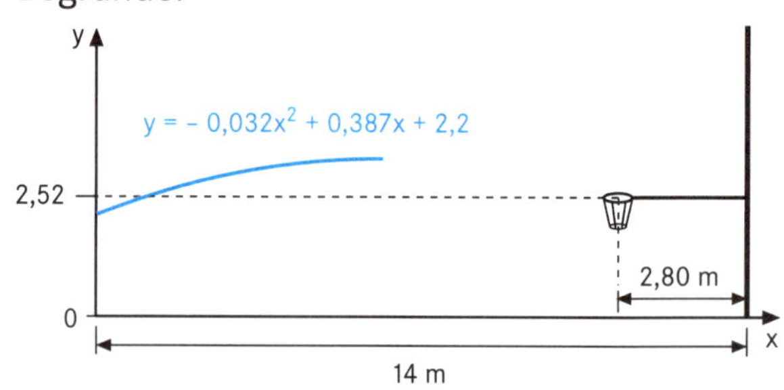

4 Das ist die Flugbahn eines Golfballes. Sie ist eine Parabel der Form $y = ax^2 + bx + c$.

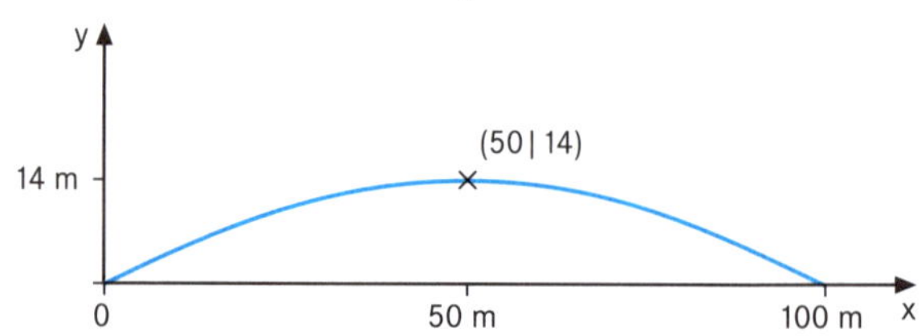

a) Bestimme den Wert von c.

b) Berechne a und b mithilfe der Punkte (50 | 14) und (100 | 0).
Schreibe dann die Funktionsgleichung auf.

1 Abgebildet ist ein gleichschenkliges Dreieck.

a) Berechne den Flächeninhalt des Dreiecks.

b) Berechne die Innenwinkel des Dreiecks.

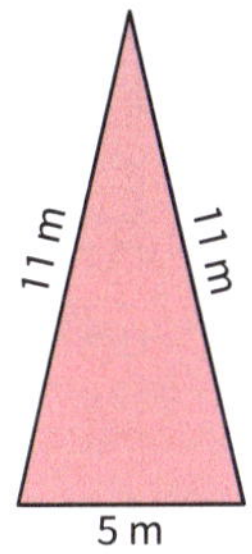

2 Das Werkstück aus Eisen ist ein Prisma mit einem gleichschenkligen Trapez als Grundfläche.

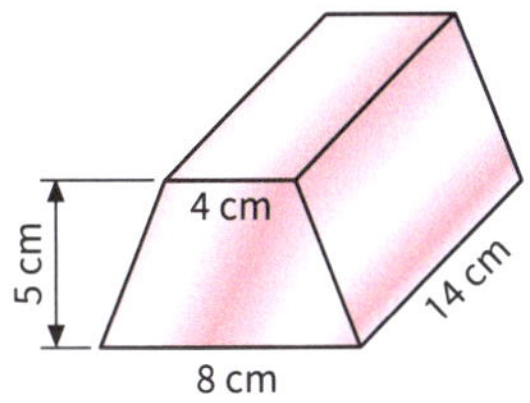

a) Berechne das Volumen des Werkstücks.

b) Berechne den Oberflächeninhalt des Werkstücks.

c) Berechne die Innenwinkel der Trapezfläche.

3 Abgebildet sind die Maße von Tor, Torraum und Strafraum eines Fußballfeldes. Das Tor ist 2,44 m hoch.

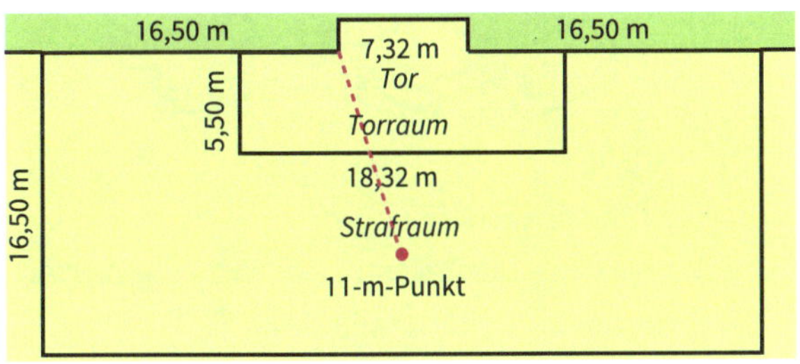

a) Wie groß ist der Strafraum eines Fußballfeldes außerhalb des Torraumes?

b) Vom Elfmeterpunkt wird ein Ball in gerader Linie in die obere linke Ecke geschossen, wo Pfosten und Latte zusammentreffen. Welchen Weg legt der Ball zurück?

c) Mit welchem Winkel hebt der Ball, dessen Weg in Teilaufgabe b) beschrieben ist, vom Boden ab?

4 Berechne den Flächeninhalt und den Umfang des Parallelogramms.

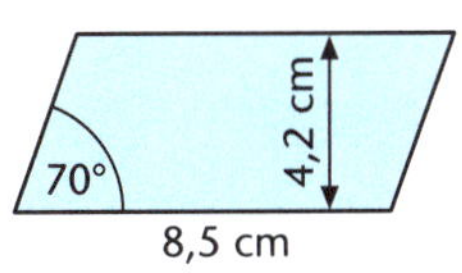

10 Haus mit Satteldach (von S. 45)

http://nale.fi/rbnq

http://nale.fi/bawz

Der Zeichnung kannst du die Außenmaße eines Einfamilienhauses entnehmen.

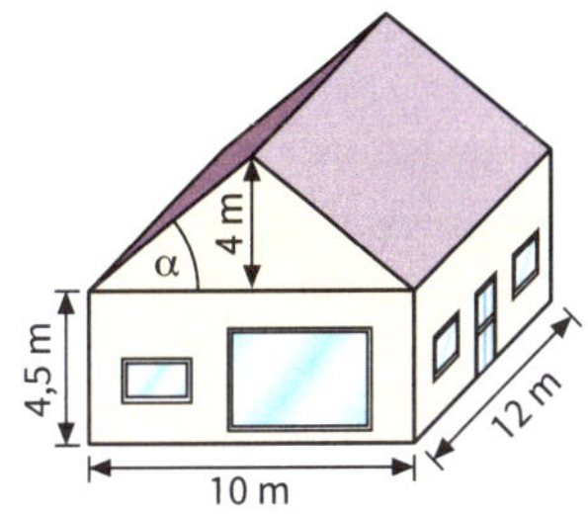

a) Berechne das Volumen des Hauses (umbauter Raum).

b) Wie groß ist die gesamte Dachfläche?

c) Berechne den Neigungswinkel α des Dachs.

Zu a)

Der untere Teil des Hauses ist ein Quader mit dem Volumen V_1, der obere Teil ist ein Prisma mit einem Dreieck als Grundfläche G und dem Volumen V_2.

$V_1 = a \cdot b \cdot c$ $\qquad$ $V_2 = G \cdot h$

$V_1 = 10\text{ m} \cdot 4{,}5\text{ m} \cdot 12\text{ m}$ $\qquad$ $V_2 = \frac{10\text{ m} \cdot 4\text{ m}}{2} \cdot 12\text{ m}$

$V_1 = 540\text{ m}^3$ $\qquad$ $V_2 = 240\text{ m}^3$

$V = V_1 + V_2 = 540\text{ m}^3 + 240\text{ m}^3 = 780\text{ m}^3$

Das Volumen des Hauses beträgt insgesamt **780 m³.**

Zu b)

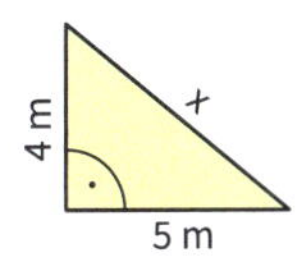

Die Dachflächen bestehen aus zwei gleichen Rechtecken. Der Flächeninhalt eines Rechtecks berechnet sich aus x · 12 m.

Die Länge der Dachkante x wird mit dem Satz des Pythagoras berechnet.

$$x^2 = (4\text{ m})^2 + (5\text{ m})^2$$
$$x^2 = 41\text{ m}^2 \qquad |\sqrt{N}$$
$$x = \sqrt{41\text{ m}^2} \approx 6{,}40\text{ m}$$

$A = (6{,}40\text{ m} \cdot 12\text{ m}) \cdot 2 = 153{,}60\text{ m}^2$

Die gesamte Dachfläche ist **153,6 m²** groß.

Zu c)

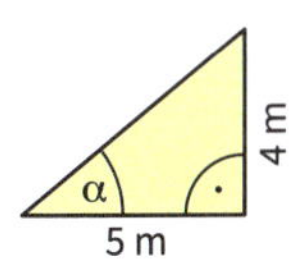

$\tan\alpha = \frac{\text{Gegenkathete}}{\text{Ankathete}} = \frac{4\text{ m}}{5\text{ m}} = \frac{4}{5}$

$\tan\alpha = 0{,}8$

$\alpha \approx 38{,}66°$

Der Neigungswinkel des Dachs beträgt ca. **39°.**

http://nale.fi/xfwt

11 Nebenjobs (von S. 46)

Bei einer Umfrage unter 580 Zehntklässlern geben 30 % an, neben der Schule zu jobben. Insgesamt nehmen 348 Mädchen an der Umfrage teil. Von den befragten Mädchen haben 25 % einen Nebenjob.

a) Berechne den prozentualen Anteil der Mädchen und Jungen an den befragten Zehntklässlern.
b) Wie viele Mädchen haben keinen Nebenjob?
c) Wie viel Prozent der Jungen haben keinen Nebenjob?

Zu a)
348 der 580 Befragten sind Mädchen.
G = 580 W = 348 p % ist gesucht.
$p\,\% = \frac{W}{G} = \frac{348}{580} = 0{,}6 = 60\,\%$
Der prozentuale Anteil der **Mädchen** an den befragten Zehntklässlern beträgt **60 %.**
Also sind 40 % der befragten Zehntklässler Jungen. Das sind 232 (= 580 – 348).

Zu b)
25 % (ein Viertel) der befragten 348 Mädchen geben an, einen Nebenjob zu haben. Das sind 348 : 4 = 87 Mädchen. Damit haben 261 (= 348 – 87) Mädchen keinen Nebenjob.

Zu c)
30 % der 580 befragten Zehntklässler haben einen Nebenjob.
G = 580 p % = 30 % W ist gesucht.
$W = G \cdot p\,\% = 580 \cdot 30\,\% = 580 \cdot 0{,}3 = 174$
174 der befragten Zehntklässler haben also einen Nebenjob und **406** (= 580 – 174) haben keinen Nebenjob.
Von diesen 406 Zehntklässlern ohne Nebenjob sind 261 Mädchen (s. Teil b)), also haben 145 (= 406 – 261) Jungen keinen Nebenjob.
Da insgesamt 232 Jungen an der Befragung teilgenommen haben, entspricht dies einem Anteil von $\frac{145}{232} = 0{,}625 = 62{,}5\,\%$.

62,5 % der Jungen haben keinen Nebenjob.
In der folgenden Tabelle sind noch einmal alle Daten zusammengestellt.

	mit Nebenjob	ohne Nebenjob	
Mädchen	87	261	348
Jungen	87	145	232
	174	406	**580**

1 An einer Schule sind 55 % der Schülerinnen und Schüler Mädchen. 35 % der Mädchen kommen mit dem Fahrrad zur Schule. Insgesamt fahren 40 % mit dem Rad zur Schule.

a) Vervollständige das Baumdiagramm.

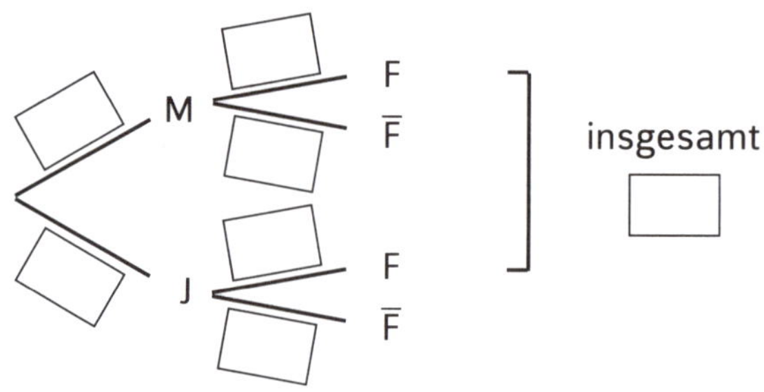

F: mit dem Fahrrad $\overline{F}$: ohne Fahrrad

b) Berechne, wie viel Prozent der Jungen mit dem Fahrrad zur Schule kommen.

2 Eine Tüte Lakritzkonfekt enthält 60 Stücke in zwei Geschmacksrichtungen: Kakao und Kokos. Zwei Drittel der Konfektstücke besitzen die Form eines Quaders, der Rest ist zylinderförmig. Ein Drittel des Konfekts hat Kakaogeschmack, 12 Konfektstücke sind zylinderförmig und schmecken nach Kokos.

a) Wie viel Prozent der Konfektstücke sind zylinderförmig?
b) Wie viele Konfektstücke sind zylinderförmig und schmecken nach Kakao?
c) Wie hoch ist die Wahrscheinlichkeit, ein quaderförmiges Konfekt mit Kokosgeschmack aus der vollen Tüte zu ziehen?

3 Ein Hersteller für Tiefkühlkost befragte 300 Personen, darunter 120 Jugendliche, ob ihnen eine neue Pizzasorte schmeckt. Die Tabelle zeigt das Ergebnis der Umfrage.

	schmeckt	schmeckt nicht	gesamt
Erwachsene			
Jugendliche		48	120
gesamt	196		300

a) Ergänze die fehlenden Daten der Umfrage.
b) Gib die Wahrscheinlichkeit dafür an, dass einem Erwachsenen die Pizza nicht schmeckt.

1 Ein Routenplaner zeigt für die Strecke von Köln nach Dortmund mit dem Auto 95 km an und nennt eine Fahrtzeit von 1 Stunde 30 Minuten. Der Regionalexpress fährt die etwas längere Bahnstrecke mit einer Durchschnittsgeschwindigkeit von 72 $\frac{km}{h}$ in der gleichen Zeit. Wie lang ist die Bahnstrecke?

2 Das Schaubild gibt an, wie viel die Bundesbürger für Waren und Dienstleistungen des täglichen Bedarfs ausgeben, wenn 1 000 € zu Grunde liegen.

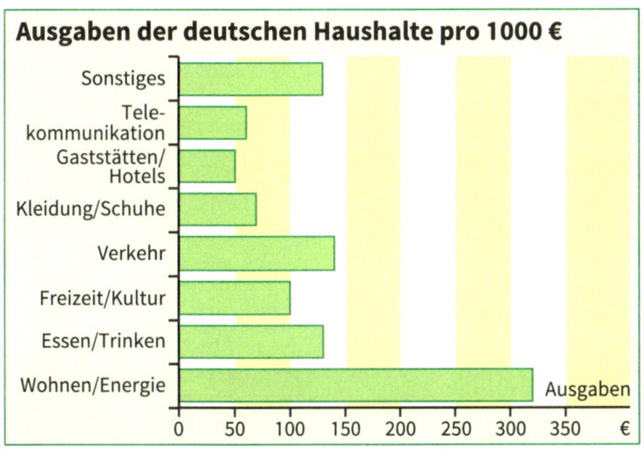

a) Aus dem Schaubild kann folgender Vergleich herausgelesen werden: „Für Wohnen/Energie geben die Bundesbürger etwa dreimal so viel aus wie für Freizeit/Kultur.“ Stelle mithilfe des Schaubilds mindestens drei weitere Vergleiche an.

b) Familie Wagner hat jährlich rund 30 000 € zur Verfügung. Ihre Ausgaben entsprechen ungefähr den durchschnittlichen Ausgaben deutscher Haushalte. Wie viel Geld würde Familie Wagner nach dem abgebildeten Modell für Wohnen/Energie im Jahr ausgeben, wie viel für Verkehr?

12 Pkw-Antriebe und Kosten (von S. 46)

http://nale.fi/kwab

Fahrzeughersteller bieten ihre Modelle mit alternativen Antrieben an (siehe S. 46).

a) Berechne, wie weit man mit den verschiedenen Antrieben für 10 € kommt. Stelle die Ergebnisse in einem geeigneten Diagramm dar.

b) Für den Antrieb mit einem Hybridmotor wurde ein Preis von 1,30 € pro Liter Super angenommen. Kann das Fahrzeug mit einer Tankfüllung (50 *l*) die Strecke Hamburg – München (775 km) zurücklegen? Begründe rechnerisch.

c) Im Preis von einem Liter Super (1,30 €) ist eine Energiesteuer von 65,45 ct enthalten. Berechne den Anteil in Prozent.

Zu a)

Benzinmotor: $\frac{10\,€}{7{,}80\,€} = \frac{B}{100\text{ km}} \rightarrow B \approx 128\text{ km}$

$B = \frac{10\,€ \cdot 100\text{ km}}{7{,}80\,€} \approx$ **128,21 km**

Dieselmotor: $\frac{10\,€}{5{,}82\,€} = \frac{D}{100\text{ km}} \rightarrow D \approx 172\text{ km}$

$D = \frac{10\,€ \cdot 100\text{ km}}{5{,}82\,€} \approx$ **171,82 km**

Hybridmotor: $\frac{10\,€}{5{,}33\,€} = \frac{H}{100\text{ km}} \rightarrow H \approx 188\text{ km}$

$H = \frac{10\,€ \cdot 100\text{ km}}{5{,}33\,€} \approx$ **187,62 km**

Elektromotor: $\frac{10\,€}{2{,}93\,€} = \frac{E}{100\text{ km}} \rightarrow E \approx 341\text{ km}$

$E = \frac{10\,€ \cdot 100\text{ km}}{2{,}93\,€} \approx$ **341,30 km**

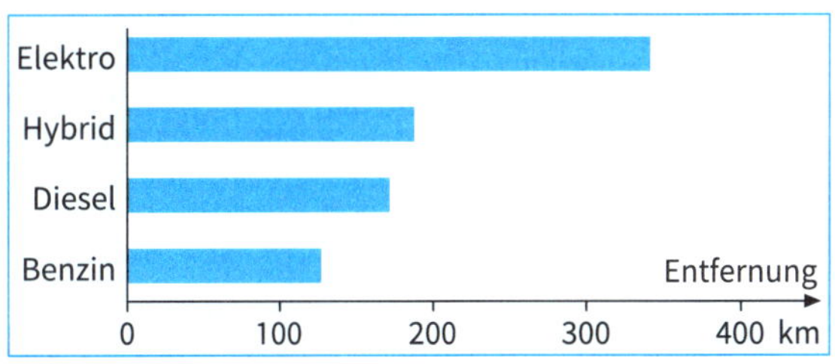

Zu b)

Zunächst muss der Verbrauch für 100 km berechnet werden: 5,33 € : 1,30 € = 4,1

Bei einer Tankfüllung von 50 *l* ergibt sich:

50 *l* : 4,1 *l* ≈ 12

Die Reichweite beträgt 12 · 100 km = 1200 km.

Die Tankfüllung reicht.

Zu c)

$\frac{0{,}6545\,€}{1{,}30\,€} \approx 0{,}50$

Der Anteil der Energiesteuer beträgt **rund 50 %.**

http://nale.fi/avwu

13 Seitenlängen beim Quadrat (von S. 47)

Welche Aussagen sind falsch? Begründe, warum sie falsch sind.

(1) Verdoppelt man die Seitenlänge eines Quadrats, so vervierfacht sich der Umfang.
(2) Verdoppelt man die Seitenlänge eines Quadrats, so vervierfacht sich der Flächeninhalt.
(3) Verdreifacht man die Seitenlänge eines Quadrats, so verdreifacht sich der Umfang.
(4) Verdreifacht man die Seitenlänge eines Quadrats, so verdreifacht sich der Flächeninhalt.

Aussage (1) ist **falsch:**
$u_1 = 4a \qquad u_2 = 4 \cdot 2a = 8a$
8a ist nur das Doppelte von 4a.

Aussage (2) ist **richtig:**
$A_1 = a^2 \qquad A_2 = (2a)^2 = 2a \cdot 2a = 4a^2$
$4a^2$ ist das Vierfache von a^2.

Aussage (3) ist **richtig:**
$u_1 = 4a \qquad u_3 = 4 \cdot 3a = 12a$
12a ist das Dreifache von 4a.

Aussage (4) ist **falsch:**
$A_1 = a^2 \qquad A_3 = (3a)^2 = 3a \cdot 3a = 9a^2$
$9a^2$ ist sogar das 9-Fache von a^2.

Verdreifacht man dagegen bei einem Würfel die Kantenlänge, hat das folgende Auswirkung auf das Volumen:

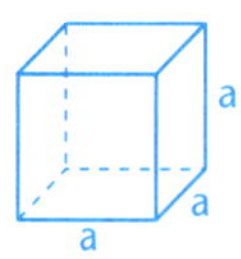

$\mathbf{V = a^3} \qquad V_3 = (3a)^3 \qquad \mathbf{V_3 = 27a^3}$

Verlängert man bei einer Fläche oder einem Körper alle Kanten um den Faktor k, so wächst:
- der Umfang der Fläche um das k-Fache,
- der Flächeninhalt bzw. die Oberfläche um das k^2-Fache,
- das Volumen des Körpers um das k^3-Fache.

Beispiel:
Bei einem Kegel mit dem Radius r und der Höhe h werden beide Maße verdoppelt. Wie ändert sich das Volumen?
Der vergrößerte Kegel hat den Radius 2r und die Höhe 2h.

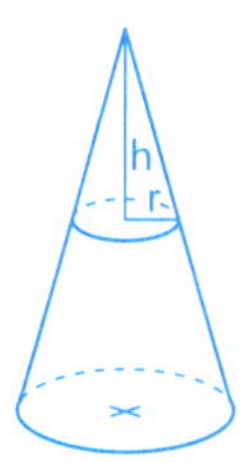

Es gilt: $V = \frac{\pi}{3} \cdot r^2 \cdot h \qquad V = \frac{\pi}{3} \cdot (2r)^2 \cdot 2h$

$\mathbf{V = \frac{\pi}{3} \cdot 8r^2h}$

Das Volumen ist 8-mal so groß.

1 Wie ändert sich der Umfang eines Rechtecks, wenn man Länge und Breite verdoppelt?
☐ Der Umfang verdoppelt sich.
☐ Der Umfang vervierfacht sich.
☐ Der Umfang verachtfacht sich.

2 Wie ändert sich der Flächeninhalt eines Kreises, wenn man den Radius vervierfacht?
☐ Der Flächeninhalt verdoppelt sich.
☐ Der Flächeninhalt vervierfacht sich.
☐ Der Flächeninhalt verachtfacht sich.
☐ Der Flächeninhalt versechszehnfacht sich.

3 Wie ändert sich das Volumen eines Würfels, wenn man seine Kantenlänge halbiert?

4 Abgebildet sind eine große Kugel und vier kleine Kugeln, die nur halb so hoch sind.

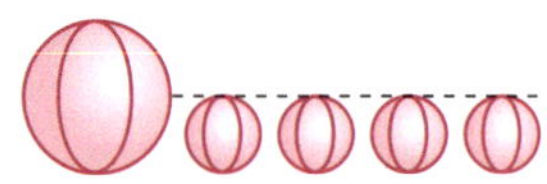

Die fünf Kugeln sind aus demselben Material. Die große Kugel wiegt 7 kg. Wie viel wiegen die vier kleinen Kugeln zusammen?

5 Beim abgebildeten Quader werden die Kantenlängen a, b und c verdoppelt.

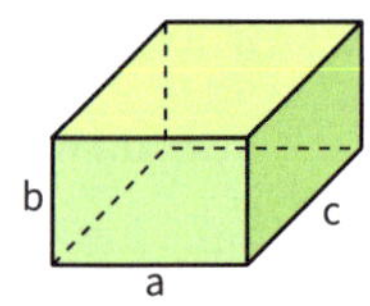

a) Wie ändert sich der Oberflächeninhalt des Quaders?

b) Wie ändert sich das Volumen des Quaders?

6 Die abgebildete Holzpyramide ist 24 cm hoch und wiegt 2 kg. 6 cm unterhalb der Spitze wird parallel zur Grundfläche ein Schnitt durch die Pyramide gelegt.

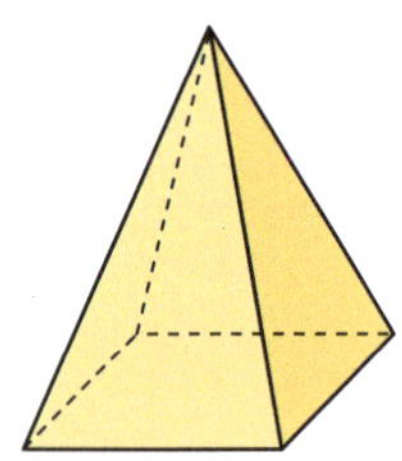

a) Wie schwer ist die abgeschnittene Spitze, die ja ebenfalls eine Pyramide ist?

b) Welchen Bruchteil von der Oberfläche der gesamten Pyramide beträgt die Oberfläche der Spitze?

☐ $\frac{1}{2}$ ☐ $\frac{1}{16}$
☐ $\frac{1}{4}$ ☐ $\frac{1}{32}$
☐ $\frac{1}{8}$ ☐ $\frac{1}{64}$

1

LOS ANGELES, 21. Mai 2010
Für die Rekordsumme von 7,85 Mio. Dollar (6,36 Mio. €) ist in Kalifornien jetzt ein Silberdollar aus dem Jahr 1794 verkauft worden. Von den Münzen wurden 1758 geprägt. Die jetzt verkaufte ist die älteste von den 150, die es noch gibt.

Flowing Hair Dollar

Masse	27 g
Durchmesser	39 bis 40 mm
Zusammensetzung	90 % Silber 10 % Kupfer
Prägung	1794 bis 1795

a) Bestimme anhand der Angaben im Nachrichtentext den Wechselkurs zwischen Euro und Dollar im Mai 2010.

b) Silber besitzt eine Dichte von $10{,}5\,\frac{g}{cm^3}$, Kupfer von $8{,}9\,\frac{g}{cm^3}$. Für die Silberlegierung des Flowing Hair Dollars wird die Dichte mit $10{,}34\,\frac{g}{cm^3}$ angegeben. Erkläre.

c) Bestimme die Dicke der Münze.

d) 1 Gramm der Silberlegierung hatte Ende Mai 2010 einen Materialwert von etwa 0,80 €. Wie viel Prozent des Materialwerts des Flowing Hair Dollars entspricht die Rekordsumme aus dem Verkauf?

2

Beim Aufschütten von Salz, Getreide, Sand usw. entstehen Schüttkegel. Wie hoch und wie breit ein Kegel wird, hängt von dem so genannten Böschungswinkel des Materials ab. Bei Mehl beträgt dieser Winkel zwischen Seitenlinie und Durchmesser ca. 45°. Der abgebildete Mehlkegel besteht aus 250 g Mehl, sein Durchmesser beträgt etwa 12 cm.

a) Berechne ungefähr die Masse von 1 cm³ Mehl.

b) Wie hoch wäre der Kegel, wenn statt 250 g die doppelte Menge verwendet worden wäre?

14 Tonnenschwere Goldmünze (von S. 47)

http://nale.fi/gvkd

Zwei Zeitungen berichteten im Oktober 2011 über die größte Goldmünze der Welt.

(1) „Eine Tonne schwer und 80 cm Durchmesser, reines Gold im Wert von 55 Millionen US-Dollar."
(2) „... sie ist 80 cm hoch, 12 cm dick, 1 Tonne schwer und zu 99,99 Prozent aus Feingold. Ihr Materialwert liegt bei 34 000 000 €."

a) Bestimme aus den Angaben zum Materialwert in den Meldungen (1) und (2) den Wechselkurs zwischen Euro und Dollar für Oktober 2011.
b) Stimmt die angegebene Dicke in (2) mit den in (1) genannten Maßen überein? Rechne bei Gold mit einer Dichte von $19{,}3\,\frac{g}{cm^3}$.
c) Löse die Formel für das Volumen eines Zylinders nach r auf. Berechne damit den Radius r einer solchen Goldmünze, die dieselbe Dicke hat, aber nur halb so schwer ist.

Zu a)

Euro	US-Dollar
34 000 000	55 000 000
34	55
1	$\frac{55}{34} \approx 1{,}6176$

Im Oktober 2011 betrug der Wechselkurs zwischen Euro und Dollar 1,6176. Für 1 Euro erhielt man 1,62 US-Dollar.

Zu b)

(1) $V = \frac{\text{Masse}}{\text{Dichte}} = \frac{1\,t}{19{,}3\,\frac{g}{cm^3}} = \frac{1\,000\,000\,g}{19{,}3\,\frac{g}{cm^3}}$

$$\mathbf{V \approx 51\,813{,}5\,cm^3}$$

Wegen $V = \pi \cdot r^2 \cdot h$ gilt:

$h = \frac{V}{\pi \cdot r^2} \approx \frac{51\,813{,}5\,cm^3}{\pi \cdot (40\,cm)^2}$, $\mathbf{h \approx 10{,}3\,cm}$

Dabei ist h die Dicke der Münze. Die Angaben **stimmen also nicht überein.**

Zu c)

$V = \pi \cdot r^2 \cdot h \rightarrow r^2 = \frac{V}{\pi \cdot h} \rightarrow r = \sqrt{\frac{V}{\pi \cdot h}}$

Halbe Masse bedeutet halbes Volumen.

$V = \frac{51\,813{,}5\,cm^3}{2} = 25\,906{,}75\,cm^3$

$h = 10{,}3\,cm$

$\mathbf{r} = \sqrt{\frac{25\,906{,}75\,cm^3}{\pi \cdot 10{,}3\,cm}} \approx \mathbf{28{,}3\,cm}$

Der Radius beträgt etwa **28,3 cm.**

http://nale.fi/sfat

15 Kapitalanlage (von S. 47)

Zur Konfirmation erhält Henrik 1 000 € von seinen Großeltern. Er legt das Geld zu 1,5 % an und will den Betrag so lange unangetastet lassen, bis sich sein Anfangskapital verdoppelt hat.

a) Wie viele Jahre muss Henrik warten?

b) In welcher Zeit würde sich bei gleicher Verzinsung ein Kapital von 10 000 € verdoppeln?

Zu a)

Um zu berechnen, in wie vielen Jahren das Anfangskapital von 1 000 € bei einem Zinssatz von 1,5 % auf ein Endkapital von 2 000 € anwächst, überlegt man sich:

Anfangskapital	1 000,0 €	
	↓ · 1,015	
Kapital nach 1 Jahr	1 015,00 €	
	↓ · 1,015	
Kapital nach 2 Jahren	1 030,225 €	← $\cdot 1{,}015^2$
Kapital	⋮	
nach x Jahren	**2 000,00 €**	← $\mathbf{\cdot 1{,}015^x}$

Die Anzahl der Jahre bis zur Verdoppelung des Anfangskapitals auf 2 000 € liefert demnach die Gleichung:

$$1\,000\,€ \cdot 1{,}015^x = 2\,000\,€ \quad |:1\,000\,€$$

$$1{,}015^x = \frac{2\,000\,€}{1\,000\,€}$$

$$1{,}015^x = 2$$

Lösen der Gleichung durch probierendes Einsetzen von ganzzahligen Exponenten:

$1{,}015^{40} \approx 1{,}81$

$1{,}015^{45} \approx 1{,}95$

$1{,}015^{46} \approx 1{,}98$

$1{,}015^{47} \approx 2{,}01$

Henrik muss also etwa **47 Jahre** bis zur Verdoppelung seines Anfangskapitals warten.

Zu b)

Die Lösung zu a) zeigt, dass die Höhe des Betrages keinen Einfluss auf die Verdoppelungszeit hat. Richtig ist daher: Auch ein Kapital von 10 000 € verdoppelt sich bei einem Zinssatz von 1,5 % in etwa **47 Jahren.**

1 Berechne die fehlenden Angaben mithilfe der Zinseszinsformel: $K_n = K_0 \cdot (1 + \frac{p}{100})^n$.

	a)	b)	c)
Kapital (K_0)	2 000 €		1 560 €
Zinssatz (p %)	1,4 %	1,6 %	1,5 %
Laufzeit (n)	4 Jahre	1 Jahr	
Endkapital (K_n)		751,84 €	1 705,77 €

2 Legt man einen Betrag von 2 000 € fest zu 1,6 % Zinsen an, so verdoppelt sich das Kapital durch Zins und Zinseszins nach etwa 44 Jahren. Wie viele Jahre dauert es ungefähr, bis sich das Kapital vervierfacht hat?

☐ etwa 66 Jahre ☐ etwa 100 Jahre
☐ etwa 88 Jahre ☐ etwa 135 Jahre

3 Im Diagramm ist die Entwicklung eines Anfangskapitals von 500 € bei einem festen Zinssatz über mehrere Jahre dargestellt.
Das Endkapital y nach x Jahren kann durch die Gleichung

$y = 500 \cdot \left(1 + \frac{p}{100}\right)^x$ berechnet werden.

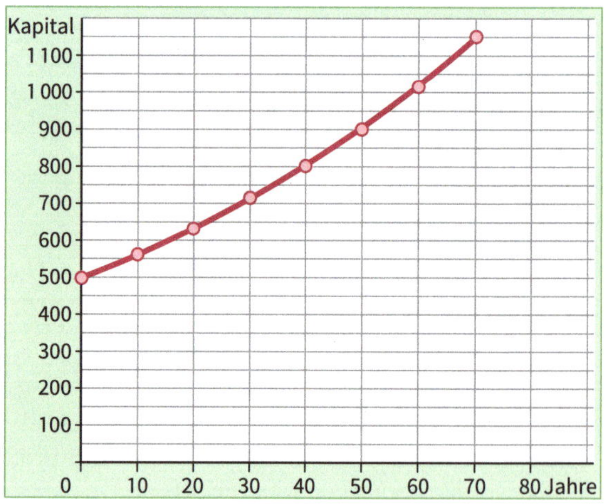

a) Lies aus dem Diagramm ab, nach welcher Zeit sich das Anfangskapital verdoppelt hat.

b) Gib an, zu welchem gleichbleibenden Zinssatz das Anfangskapital angelegt wurde. Notiere deine Rechnung. Runde das Ergebnis auf Zehntel %.

c) Wie lange würde es bei gleicher Verzinsung dauern, bis sich ein Kapital von 50 000 € verdoppelt hätte?

1 Es wird mit den beiden Würfeln aus der nebenstehenden Aufgabe ⑯ gewürfelt. Benutze zur Beantwortung der folgenden Fragen die Tabelle aus der Lösungsspalte der Aufgabe ⑯.

a) Wie groß ist die Wahrscheinlichkeit, zwei verschiedene Zahlen zu würfeln?

b) Wie groß ist die Wahrscheinlichkeit, mindestens die Augensumme 10 zu würfeln?

c) Wie groß ist die Wahrscheinlichkeit, zwei ungerade Zahlen zu würfeln?

2 Julian und Lara würfeln abwechselnd mit zwei Würfeln, Lara beginnt. Sie muss versuchen, die Augensumme 12 zu erzielen, Julian ist erfolgreich mit der Augensumme 7.
Das Spiel ist zu Ende, wenn Lara 3-mal die Augensumme 12 oder Julian 15-mal die Augensumme 7 erzielt hat.
Begründe, wer von den beiden die besseren Gewinnchancen hat.

3 Abgebildet sind die Netze von zwei Würfeln, mit denen gleichzeitig gewürfelt wird.

(1)

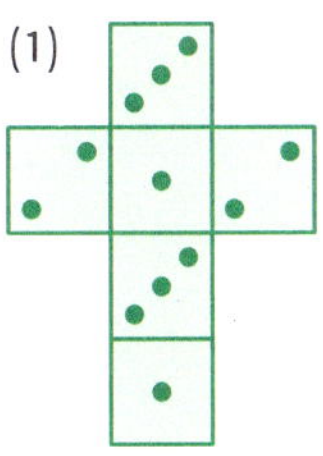

(2)

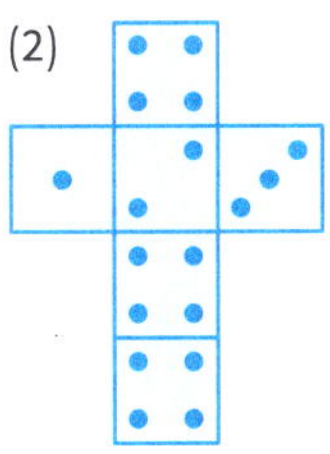

a) Wie groß ist die Wahrscheinlichkeit, eine gerade Augensumme zu würfeln?

b) Wie groß ist die Wahrscheinlichkeit, zwei gleiche Zahlen zu würfeln?

c) Wie groß ist die Wahrscheinlichkeit, die Augensumme 6 zu würfeln?

4 Die vier Könige eines Skatspiels werden gemischt und verdeckt auf den Tisch gelegt. Du drehst nacheinander zwei der vier Spielkarten um. Wie groß ist die Wahrscheinlichkeit,

a) die beiden schwarzen Könige umzudrehen?

b) einen roten und einen schwarzen König in beliebiger Reihenfolge umzudrehen?

16 Zwei Würfel (von S. 48)

http://nale.fi/hmsw

Es wird gleichzeitig mit einem gelben und einem roten Würfel gewürfelt.

Das Ergebnis (3;5) bedeutet: Mit dem gelben Würfel wurde eine 3 und mit dem roten Würfel eine 5 gewürfelt.

a) Wie viele Ergebnisse sind möglich?

b) Wie groß ist die Wahrscheinlichkeit für das Ergebnis (3;5)?

c) Wie groß ist die Wahrscheinlichkeit, einen Pasch, d. h. zwei gleiche Zahlen, zu würfeln?

Zu a)
Die möglichen Ergebnisse kann man sich in einer Tabelle darstellen.

gelb \ rot	1	2	3	4	5	6
1	(1;1)	(1;2)	(1;3)	(1;4)	(1;5)	(1;6)
2	(2;1)	(2;2)	(2;3)	(2;4)	(2;5)	(2;6)
3	(3;1)	(3;2)	(3;3)	(3;4)	(3;5)	(3;6)
4	(4;1)	(4;2)	(4;3)	(4;4)	(4;5)	(4;6)
5	(5;1)	(5;2)	(5;3)	(5;4)	(5;5)	(5;6)
6	(6;1)	(6;2)	(6;3)	(6;4)	(6;5)	(6;6)

Das blau unterlegte Feld zeigt das Wurfergebnis: gelber Würfel 3, roter Würfel 5.

Es gibt 6 · 6 = **36 mögliche Ergebnisse.**

Zu b)

(1) Von den 36 möglichen Ergebnissen ist nur ein einziges Ergebnis (3;5). **P (3;5) =** $\mathbf{\frac{1}{36}}$

(2) Das Würfeln mit zwei Würfeln kann als zweistufiger Versuch aufgefasst werden. Für das Ergebnis (3;5) können wir ein vereinfachtes Baumdiagramm zeichnen.

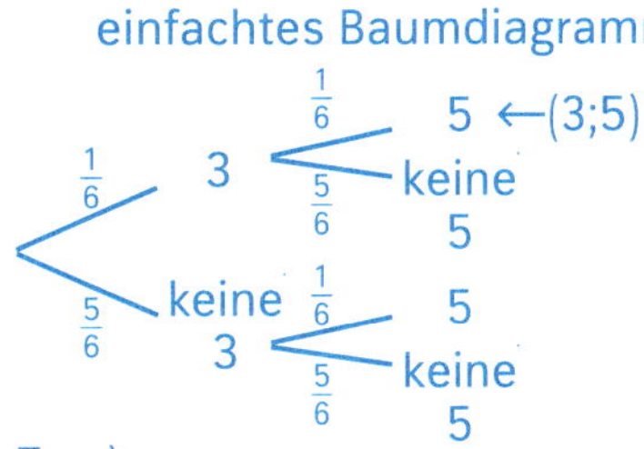

Mit der Pfadregel erhalten wir:
P (3;5) = $\frac{1}{6} \cdot \frac{1}{6} = \frac{1}{36}$

Zu c)
Es gibt die sechs Pasche (1;1), (2;2), (3;3), (4;4), (5;5) und (6;6).

P (Pasch) = $\mathbf{\frac{6}{36} = \frac{1}{6}}$

http://nale.fi/vaqz

17 Fußballduell (von S. 48)

Die abgebildete Grafik vergleicht, wie viel Euro in Deutschland und wie viel Euro in England durch internationale und nationale Medienerlöse eingenommen werden.

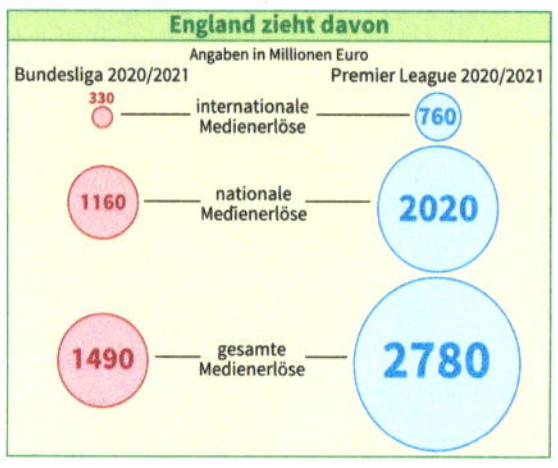

a) Berechne den Anteil der nationalen Erlöse in Deutschland an den gesamten Medienerlösen in Prozent..

b) Angenommen, der internationale Medienerlös wächst jedes Jahr in Deutschland um 10 %.
Nach wie vielen Jahren ist er dann ungefähr so groß wie in England im Jahr 2020/2021?

c) Begründe, warum die Darstellung der beiden Kreise zum internationalen Medienerlös irreführend ist.

Zu a)
gesamte Medienerlöse in Deutschland (G):
1 490 000 000 €
nationale Medienerlöse in Deutschland (W):
1 160 000 000 €
Gesucht: p % $p\,\% = \frac{1\,160\,000\,000\ €}{1\,490\,000\,000\ €} \approx 0{,}78 = \mathbf{78\,\%}$

Zu b)
Wenn der internationale Medienerlös in der Bundesliga jedes Jahr um 10 % wächst, entspricht dies einem Wachstumsfaktor von 1,1.
Daraus ergibt sich folgende Gleichung:
$330\text{ Mio. €} \cdot 1{,}1^x = 760\text{ Mio. €}$
Systematisches Probieren liefert für x etwa 9.
Nach 9 Jahren wären die internationalen Medienerlöse in Deutschland ungefähr so hoch wie in England in der Saison 2020/2021.

Zu c)
In der Grafik werden die Werte der Medienerlöse durch die Flächeninhalte der Kreise dargestellt. Der Kreis der Premier League hat einen etwa dreimal so großen Radius und damit den 9-fachen Flächeninhalt wie der Kreis der Bundesliga.
Jedoch sind die internationalen Medienerlöse in England nur etwa 2,3-mal so hoch wie die in Deutschland (760 Mio. : 330 Mio. ≈ 2,3).
Die Darstellung der Kreise ist also irreführend, **der Kreis der internationalen Medienerlöse der Bundesliga müsste größer gezeichnet werden**.

1 Unter günstigen Bedingungen vermehren sich Fruchtfliegen täglich um 25 %. Angenommen, anfangs waren es zehn Fruchtfliegen.

a) Wie viele Fruchtfliegen sind es nach sieben Tagen?

b) Bestimme den Zeitraum, in dem sich die Anzahl der Fruchtfliegen verhundertfacht.

2 Mexiko-Stadt hatte bei der letzten Volkszählung im August 2020 rund 21 Millionen Einwohner. Vorausgesagt wird, dass die Bevölkerungszahl dort jährlich um 4,5 % steigt.

a) Berechne die Zahl der Einwohner, die Mexiko-Stadt im August 2030 hätte.

b) Tokio war 2020 mit rund 38 Millionen Einwohnern die größte Stadt der Welt. Angenommen, Mexiko-Stadt wächst weiterhin mit der angenommenen Wachstumsrate. Bestimme das Jahr, in dem Mexiko-Stadt die 38-Millionen-Grenze erreicht.

3 In der Tabelle ist die Entwicklung des durchschnittlichen Benzinverbrauchs der Autos in Deutschland seit 1997 dargestellt.

Jahr	1997	1999	2001	2003	2005	2007
Verbrauch pro 100 km (in Liter)	8,7	8,4	8,1	8,0	7,8	7,6

Jahr	2009	2011	2013	2015	2017	2019
Verbrauch pro 100 km (in Liter)	7,5	7,4	7,2	7,3	7,4	7,4

a) Berechne, um wie viel Prozent der jährliche Verbrauch im Jahr 2019 kleiner ist als der im Jahr 1997.

b) Der Verbrauch des Jahres 2013 mit 7,2 *l* war 20 % kleiner als der 1993 mit 9 *l*. Kann man deswegen sagen, dass der Verbrauch in diesen 20 Jahren pro Jahr um 1 % abgenommen hat? Begründe deine Antwort.

c) Der Verbrauch in den letzten zehn Jahren blieb fast unverändert. Nenne mögliche Ursachen.

d) Erstelle eine eigene grafische Darstellung, die den Eindruck erweckt, als wäre der Benzinverbrauch seit 1997 drastisch gefallen.

1 Ordne jedem Zahlenrätsel die passende Gleichung zu und bestimme die Lösung.

Die Differenz aus 3 und dem 3. Teil einer Zahl a ist 8. ④

$\frac{3a}{8} = \frac{1}{2}a$ (C)

$3 - \frac{1}{3}a = 8$ (B)

$8 : 3a = 0{,}5a$ (D)

Die Summe aus einer Zahl a und dem Dreifachen dieser Zahl a ergibt 8. ①

Multipliziere das Dreifache einer Zahl a mit 8, so erhältst du 3. ③

$a + 3a = 8$ (E)

$3a \cdot 8 = 3$ (A)

Der Quotient aus dem Dreifachen einer Zahl a und 8 ist gleich der Hälfte von a. ②

2 Mit Termen lassen sich auch geometrische Sachverhalte beschreiben.
Skizziere das vierte Muster und schreibe einen Term auf, mit dem sich die Anzahl der Hölzer im n-ten Muster berechnen lässt.

a)

Nummer	n = 1	n = 2	n = 3
Muster		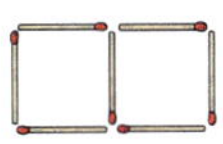	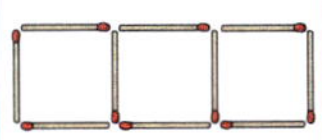
Hölzer	$4 = 1 + 3$	$7 = 1 + 2 \cdot 3$	$10 = 1 + 3 \cdot 3$

b)

Nummer	n = 1	n = 2	n = 3
Muster		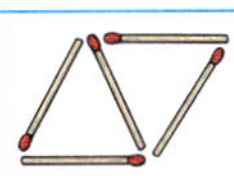	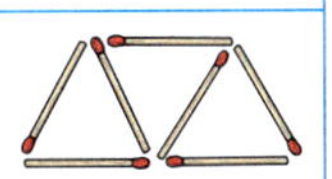
Hölzer	3	$5 = 3 + 2$	$7 = 3 + 2 \cdot 2$

3 a) Schreibe für das Zahlenrätsel eine Gleichung auf und löse sie: „Subtrahiere von der Hälfte einer Zahl ein Drittel der Zahl, dann erhältst du 4."
b) Erfinde ein Zahlenrätsel zur Gleichung $7x - 48 = 2x$. Löse auch die Gleichung.

4 Subtrahiert man vom dreifachen Alter der Frau Krause 5 Jahre, so erhält man dieselbe Zahl, wie wenn man in 15 Jahren Frau Krauses Alter verdoppelt. Stelle eine Gleichung auf und berechne das heutige Alter von Frau Krause.

18 Zahlenrätsel (von S. 49)

http://nale.fi/wdzh

(1) Subtrahierst du vom Dreifachen einer Zahl 8, dann erhältst du 5 mehr als die Zahl.
(2) Verdreifachst du die Differenz aus einer Zahl und 8, so erhältst du 5 weniger als die Zahl.
(3) Subtrahierst du 8 von einer Zahl, so erhältst du das Dreifache der Summe aus 5 und der Zahl.

a) Welches Zahlenrätsel gehört zu der Gleichung $x - 8 = 3(5 + x)$?
b) Löse die Gleichung $x - 8 = 3(5 + x)$.
c) Schreibe auch zu den anderen Zahlenrätseln eine passende Gleichung auf.

Zu a)
Um zu überprüfen, welches Zahlenrätsel zu der Gleichung $x - 8 = 3(5 + x)$ gehört, „übersetzen" wir die Terme rechts und links vom Gleichheitszeichen.
„$x - 8$" heißt „die Differenz aus einer Zahl und 8" oder „Subtrahiere 8 von einer Zahl";
„$3(5 + x)$" heißt „das 3-Fache der Summe aus 5 und einer Zahl" oder „Verdreifache die Summe aus 5 und einer Zahl".
Diese Formulierung findet man nur bei **Zahlenrätsel (3)**.

Zu b)
Die Lösung der Gleichung erhält man so:

$$\begin{aligned} x - 8 &= 3(5 + x) && \mid \text{Klammer ausmultiplizieren} \\ x - 8 &= 15 + 3x && \mid +8 \\ x &= 23 + 3x && \mid -3x \\ -2x &= 23 && \mid :(-2) \\ x &= -11{,}5 \end{aligned}$$

Die gesuchte Zahl lautet **–11,5.**

Zu c)
Zahlenrätsel (1):
„Subtrahierst du vom Dreifachen einer Zahl 8" heißt in der mathematischen Sprache: „$3x - 8$".
„5 mehr als die Zahl" heißt „$x + 5$".
„Erhältst du" steht für das Gleichheitszeichen.
Zum **Zahlenrätsel (1)** lautet die passende Gleichung also: $\mathbf{3x - 8 = x + 5}$

Zahlenrätsel (2):
„Verdreifache die Differenz aus einer Zahl und 8" heißt in mathematischer Sprache:
„$3 \cdot (x - 8)$".
„5 weniger als die Zahl" heißt „$x - 5$".
„Erhältst du" steht für das Gleichheitszeichen.
Zum **Zahlenrätsel (2)** lautet die passende Gleichung also: $\mathbf{3(x - 8) = x - 5}$

http://nale.fi/nwad

19 Smartphone-Nutzung (von S. 49)

Die Schülerinnen und Schüler aller 10. Klassen einer Schule wurden befragt, wie oft sie ihr Smartphone am Tag vor der Befragung zum Telefonieren, Nachrichten verschicken oder Surfen ungefähr benutzt haben. Das Ergebnis wurde in einem Boxplot dargestellt.

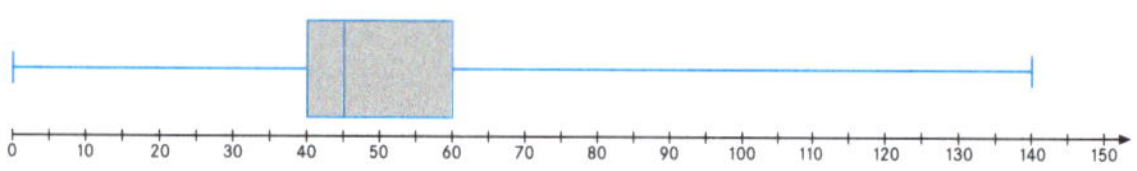

a) Entnimm dem Boxplot folgende Werte: Spannweite, Median (Zentralwert), unteres Quartil, oberes Quartil

b) Felix behauptet: „Die meisten Schülerinnen und Schüler haben mehr als 60-mal mit dem Smartphone telefoniert, Nachrichten verschickt oder gesurft." Nimm Stellung.

Zu a)

Spannweite: 140 – 0 = **140**
(größter Wert – kleinster Wert)

Median (Zentralwert): 45
(mittlerer Wert aller Werte)

unteres Quartil: 40
(mittlerer Wert der unteren Hälfte)

oberes Quartil: 60
(mittlerer Wert der oberen Hälfte)

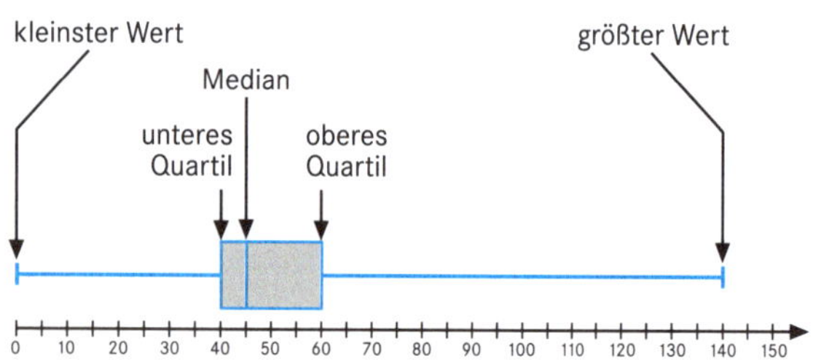

Zu b)
Die Aussage ist falsch. Lediglich ein Viertel aller befragten Schülerinnen und Schüler hat mehr als 60-mal telefoniert, Nachrichten verschickt oder gesurft.
Der Boxplot verdeutlicht die Streuung der gegebenen Werte.
Die Streuung ist im oberen Viertel am größten. Durch die Länge der Strecke zwischen oberem Quartil und größtem Wert hat sich Felix täuschen lassen.

1 Gehe davon aus, dass in den 10. Klassen (Aufgabe ⑲, links abgebildet) 79 Schülerinnen und Schüler an der Befragung teilgenommen haben und dass nur Vielfache von 5 bei den Antworten genannt wurden.

a) Wie viele Antworten liegen unter 40, zwischen 45 und 60 sowie über 60?
Hinweis: Jeweils genau eine Antwort gab es für 40, 45 und 60.

b) Stelle in einer Tabelle ein mögliches Befragungsergebnis zusammen, das zum abgebildeten Boxplot passt.

2 Notenspiegel einer Klassenarbeit:

Note	1	2	3	4	5	6
Anzahl	3	8	6	4	3	1

Stelle das Ergebnis in einem Boxplot dar.

3 Die Klasse 10a einer Schule hat eine Klassenarbeit mit folgenden Ergebnissen geschrieben:

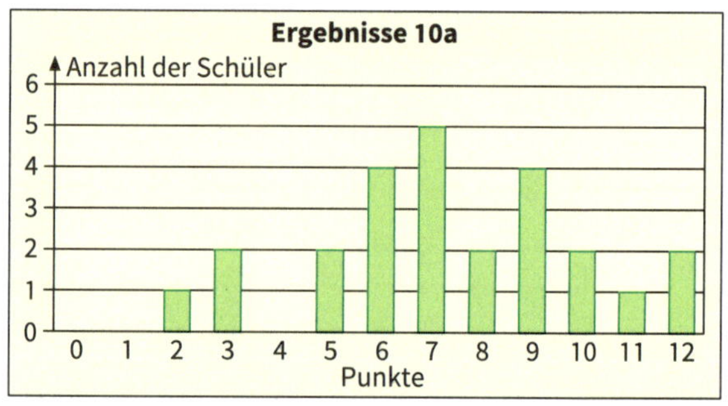

a) Gib an, welcher der abgebildeten Boxplots zur 10a gehört und begründe deine Entscheidung mithilfe geeigneter Kennwerte.

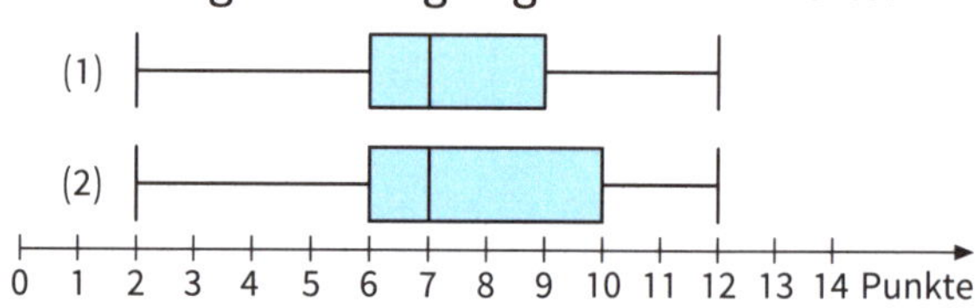

b) Der in Teilaufgabe a) nicht gewählte Boxplot zeigt die Verteilung der Ergebnisse der Klasse 10b (29 Schülerinnen und Schüler). Hier die Tabelle (obere Zeile: Punkte; untere Zeile: Anzahl der Schüler):

2	3	4	5	6	7	8	9	10	11	12
1	2	2	1	4	5	3			1	3

Gib eine mögliche Lösung für die leeren Felder an und begründe deine Lösung.

1 Wie viel Quadratkilometer ist Frankreich ungefähr groß?
Vergleiche dein Ergebnis mit Angaben aus dem Lexikon oder dem Internet.
Beachte: Zu Frankreich gehört auch die Mittelmeerinsel Korsika, die rechts abgebildet ist. Ihre Größe musst du beim Vergleich mit der offiziellen Größe Frankreichs berücksichtigen.

2 Weihnachten 2016 tobte der Sturm „Barbara" und hinterließ an der Sylter Südküste erhebliche Schäden. Bestimme näherungsweise die Größe der rot umrandeten beschädigten Fläche.

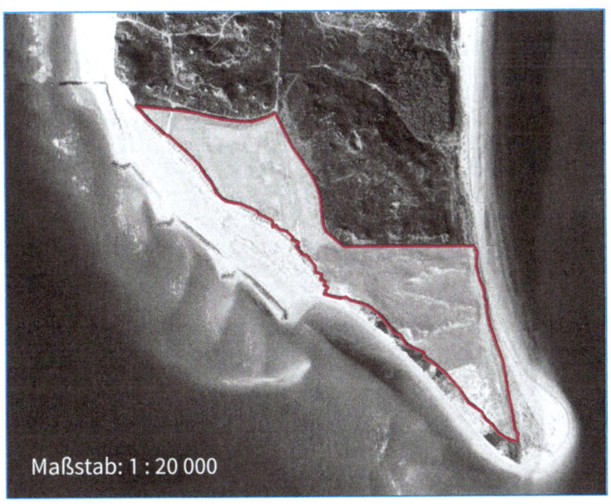

Luftbild vom 26. Dezember 2016:
Die Veränderungen, die Sturm „Barbara" bis zum 28. Dezember hinterließ, sind rot eingezeichnet.

20 Fläche Niedersachsen (von S. 49)

http://nale.fi/xcem

Der Kartenausschnitt zeigt das Bundesland Niedersachsen. Bestimme näherungsweise die Größe der Fläche von Niedersachsen. Benutze den Maßstab der Karte. Begründe dein Vorgehen.

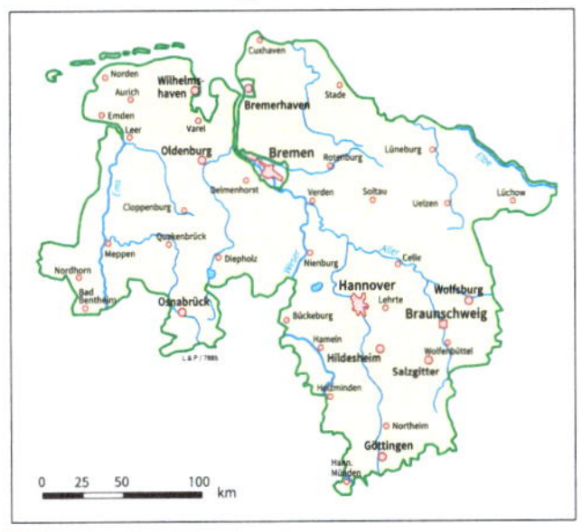

Man muss versuchen, die Fläche von Niedersachsen durch berechenbare Figuren (Vierecke, Dreiecke, ...) so abzudecken, dass sich „Gewinne" und „Verluste" ungefähr ausgleichen. Da gibt es sehr viele verschiedene Möglichkeiten; hier ist eine dargestellt. Die gemessenen „cm auf der Karte" muss man mit 45 multiplizieren und hat dann die „km" in Wirklichkeit.

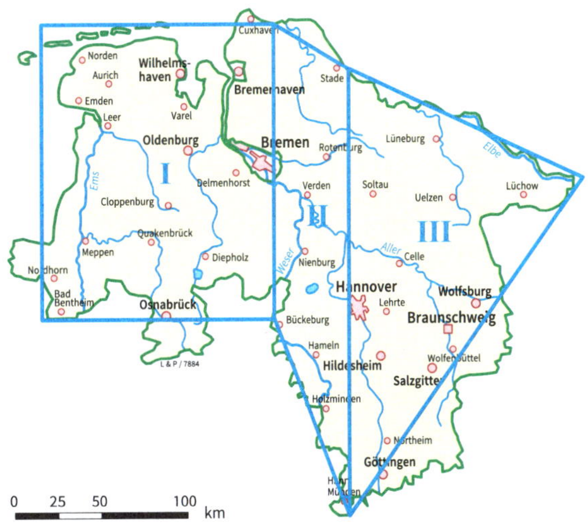

$A_I = 135\ \text{km} \cdot 167\ \text{km}$ (Rechteck)

$A_I \approx 22\,545\ \text{km}^2$

$A_{II} = \frac{167\ \text{km} + 252\ \text{km}}{2} \cdot 45\ \text{km}$ (Trapez)

$A_{II} \approx 9428\ \text{km}^2$

$A_{III} = \frac{252\ \text{km} \cdot 140\ \text{km}}{2}$ (Dreieck)

$A_{III} = 17\,640\ \text{km}^2$

$A = A_I + A_{II} + A_{III} \approx 49\,600\ \text{km}^2$

Ein Blick auf offizielle Angaben zeigt, dass Niedersachsen rund 47 600 km² groß ist.

http://nale.fi/tgvs

21 Quadratische Gleichungen (von S. 50)

In der Abbildung siehst du, wie zwei Schüler die Gleichung $x^2 - 8x + 20 = 0$ gelöst haben.

a) Prüfe die Lösungswege. Welcher Weg stimmt, welcher Fehler wurde gemacht?

Marcel	Paul
$x^2 - 8x + 20 = 0$	$x^2 - 8x + 20 = 0$
$x_{1/2} = 4 \pm \sqrt{16 + 20}$	$x_{1/2} = 4 \pm \sqrt{16 - 20}$
$x_{1/2} = 4 \pm \sqrt{36}$	$x_{1/2} = 4 \pm \sqrt{-4}$
$x_1 = 4 + 6 = 10$	
$x_2 = 4 - 6 = -2$	keine Lösung

b) Löse folgende Gleichungen. Nicht immer brauchst du eine Lösungsformel.

(1) $(x + 7) \cdot (x - 7) = 0$ (2) $x^2 + 8x + 16 = 0$

(3) $x^2 - 5x = 0$ (4) $4x^2 + 96x - 100 = 0$

Zu a)

Marcels Lösung ist falsch. Der Fehler geschah beim Einsetzen von $q = 20$ in die Formel:

$$x_{1/2} = -\frac{p}{2} \pm \sqrt{\left(\frac{p}{2}\right)^2 - q} = +4 \pm \sqrt{16 - 20} = 4 \pm \sqrt{-4}$$

Pauls Lösung stimmt. Es gibt keine Lösung, da die Diskriminante negativ ist.

Zu b)

(1) $(x + 7) \cdot (x - 7) = 0$ Ein Produkt aus zwei Faktoren ergibt 0, wenn einer der Faktoren gleich 0 ist.
Deshalb: $x + 7 = 0$ oder $x - 7 = 0$.
$\mathbf{x_1 = -7;\ x_2 = 7}$

(2) Lösung mit der pq-Formel:
$x^2 + 8x + 16 = 0 \quad p = 8 \quad q = 16$
$x_{1/2} = -4 \pm \sqrt{16 - 16}$
$\mathbf{x = -4}$

Lösung mit der 1. binomischen Formel:
$x^2 + 8x + 16 = 0$
$(x + 4)^2 = 0$
$x + 4 = 0$
$x = -4$

(3) $x^2 - 5x = 0$ x ausklammern ergibt
$x \cdot (x - 5) = 0$ also entweder
$x = 0$ oder $x - 5 = 0$
$\mathbf{x_1 = 0;\ x_2 = 5}$

(4) $4x^2 + 96x - 100 = 0 \quad |:4$
$x^2 + 24x - 25 = 0 \quad p = 24 \quad q = -25$
$x_{1/2} = -12 \pm \sqrt{144 - (-25)}$
$x_{1/2} = -12 \pm \sqrt{169}$
$x_1 = -12 + 13 = \mathbf{1}$ $\quad x_2 = -12 - 13 = \mathbf{-25}$

1 Löse die Gleichung.

a) $(2x - 14) \cdot (15 - 3x) = 0$

b) $4x^2 - 17 - 3x^2 - 8 = 0$

c) $7x^2 - 6x - 5 - 5x^2 + 18x + 5 = 0$

d) $3y^2 - 9y - 37 = 3y - 1$

e) $(5 + a)^2 + a^2 = 3a + 29$

2 Stelle eine Gleichung auf und löse sie.

a) Addiert man zum Quadrat einer Zahl das Dreifache dieser Zahl, so erhält man dasselbe, wie wenn man vom Elffachen der Zahl 7 subtrahiert.

b) Maik subtrahiert 16 vom Doppelten einer Zahl. Fatima subtrahiert diese Zahl von 15. Anschließend multiplizieren Maik und Fatima ihre Ergebnisse und erhalten Null. Welche Zahl können Maik und Fatima gewählt haben?

3

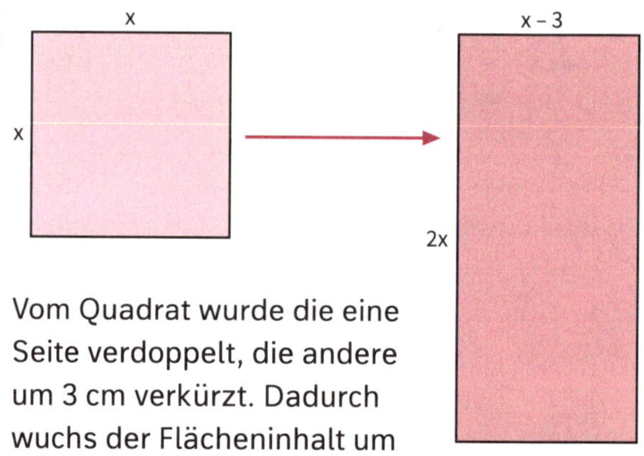

Vom Quadrat wurde die eine Seite verdoppelt, die andere um 3 cm verkürzt. Dadurch wuchs der Flächeninhalt um 55 cm².
Welche Seitenlänge hatte das Quadrat?

4 Ein 6 cm hoher Zylinder hat einen Oberflächeninhalt von 169,646 cm².

a) Wie groß ist der Radius des Zylinders?
Hinweis: 169,646 … = 54π

b) Welches Volumen hat der Zylinder?

5 Der Oberflächeninhalt eines geraden Kreiskegels mit der Kantenlinie s = 6 cm beträgt 172,788 cm³.

a) Berechne den Radius der Grundfläche.

b) Berechne die Höhe des Kegels und anschließend das Volumen.

1 In einem Gefäß sind 4 blaue und 7 rote Kugeln. Es werden nacheinander verdeckt zwei Kugeln gezogen, wobei die erste Kugel vor der zweiten Ziehung wieder zurückgelegt wird.

a) Zeichne ein Baumdiagramm und berechne die Wahrscheinlichkeiten für
(1) zwei blaue Kugeln;
(2) zwei Kugeln verschiedener Farbe;
(3) zwei Kugeln gleicher Farbe.

b) Wie ändern sich die Wahrscheinlichkeiten aus a), wenn die zuerst gezogene Kugel nicht zurückgelegt wird?

2 Das Glücksrad hat abwechselnd gelbe und blaue Felder gleicher Größe. Es wird zweimal nacheinander gedreht. Wie groß ist die Wahrscheinlichkeit für folgendes Ereignis?

a) Es wird zweimal „blau“ erzielt.

b) Die letzte Drehung führt zu „blau“.

c) Keine Farbe tritt zweimal auf.

d) Die Farbe „gelb“ tritt höchstens einmal auf.

3 Die Klasse 10b hat für das Schulfest einen Stand mit einem Würfelspiel aufgebaut. Im Würfelbecher sind zwei Würfel, die gleichzeitig geworfen werden.
Einen Hauptpreis im Wert von 10 € gibt es bei der Augensumme 12; bei den Augensummen 11 und 10 gibt es einen kleineren Preis im Wert von 2 €. Der Einsatz pro Spiel beträgt 1 €.

Am Ende des Schulfestes hat die Klasse 10b 392 € bei dem Spiel verdient. Wie viele Glücksspiele wurden wahrscheinlich durchgeführt?
Eine Zahl stimmt; begründe deine Entscheidung.

457	893	1116	1431	1599

22 Glücksrad (von S. 50)

Auf einem Schulfest kann man am Stand der Klasse 10a für einen Einsatz von 1 € zweimal das abgebildete Glücksrad drehen. Bleibt es beide Male auf der gleichen Farbe stehen, gewinnt man, und zwar bei „grün“ einen Trostpreis im Wert von 0,30 € und bei „orange“ einen Sachpreis von 8 €.

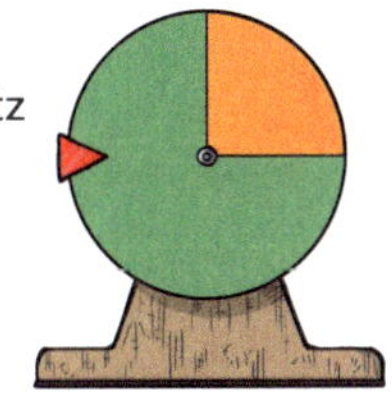

a) Zeichne ein Baumdiagramm und bestimme damit die Wahrscheinlichkeiten für die möglichen Gewinne (1) P(g;g) und (2) P(o;o).

b) Wie groß ist die Wahrscheinlichkeit, bei diesem Spiel zu verlieren?

c) Es werden 400 Spiele durchgeführt. Mit welchem Gewinn kann die Klasse rechnen?

$\frac{1}{4}$ des Glücksrades ist orange und $\frac{3}{4}$ sind grün gefärbt.

Mit einem Baumdiagramm und der Pfadregel kann man die Wahrscheinlichkeiten bei 2 Drehungen darstellen.

Zu a)
Baumdiagramm (g: grün; o: orange)

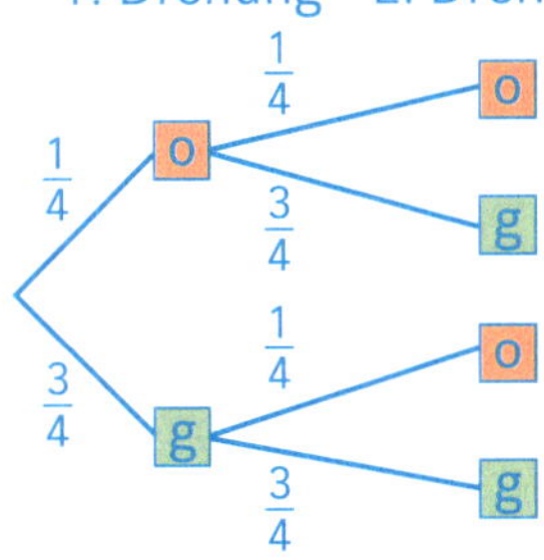

$$\mathbf{P\,(o;o)} = \frac{1}{4}\cdot\frac{1}{4} = \mathbf{\frac{1}{16}}$$

$$\mathbf{P\,(g;g)} = \frac{3}{4}\cdot\frac{3}{4} = \mathbf{\frac{9}{16}}$$

Zu b)
Subtrahiert man von 1 alle Gewinnwahrscheinlichkeiten, erhält man die Wahrscheinlichkeit für einen Verlust.

$$\mathbf{P\,(Verlust)} = 1 - \frac{9}{16} - \frac{1}{16} = \frac{6}{16} = \mathbf{\frac{3}{8}}$$

oder: P (Verlust) = P (o;g) + P (g;o)

$$= \frac{1}{4}\cdot\frac{3}{4} + \frac{3}{4}\cdot\frac{1}{4} = \frac{3}{16} + \frac{3}{16} = \frac{6}{16} = \frac{3}{8}$$

Zu c)
Bei 400 Spielen kann die Klasse mit ca. 25 Sachpreisen ($25 = 400 \cdot \frac{1}{16}$) und mit 225 Trostpreisen ($225 = 400 \cdot \frac{9}{16}$) rechnen. Diese kosten 200 € und 67,50 €, also insgesamt 267,50 €.
Die Klasse hat **400 € Einnahmen** und kann mit einem **Gewinn von 132,50 €** rechnen (= 400 € – 267,50 €).

http://nale.fi/qaxg

http://nale.fi/ayrg

23 Angebote (von S. 50)

Frau Kurt kann für zwei Jahre einen Lottogewinn von 1 000 000,– € sparen. Drei Banken (A, B, C) bieten ihr unterschiedliche Zinssätze an:

A 1. Jahr 1,2 %; 2. Jahr 1,7 %
B 1. Jahr 0,9 %; 2. Jahr 2,0 %
C 1. Jahr 1,4 %; 2. Jahr 1,5 %

a) Welche Bank kannst du empfehlen? Begründe.
b) Würdest du die gleiche Bank auch für jeden anderen Sparbetrag empfehlen? Begründe.

Zu a)

① Ein Lösungsweg besteht darin, für jede Bank die jährlichen Zinsen sowie das Kapital nach zwei Jahren zu ermitteln.

Angebot	Zinsen für das 1. Jahr	2. Jahr	Endkapital
A	12 000 €	17 204 €	1 029 204 €
B	9 000 €	20 180 €	1 029 180 €
C	14 000 €	15 210 €	**1 029 210 €**

Zu empfehlen ist also das **Angebot C.**

② Ein zweiter Lösungsweg betrachtet lediglich die auftretenden Faktoren, mit denen das Anfangskapital entsprechend der Zinsformel multipliziert wird:
Angebot A: $1{,}012 \cdot 1{,}017 = 1{,}029204$
Angebot B: $1{,}009 \cdot 1{,}020 = 1{,}029180$
Angebot C: $1{,}014 \cdot 1{,}015 = \mathbf{1{,}029210}$

Angebot C liefert den größten Faktor, also auch das größte Endkapital:
$1{,}02921 \cdot 1\,000\,000\ € = \mathbf{1\,029\,210\ €}$

Zu b)

Das Angebot C ist auch bei jedem anderen Sparbetrag zu empfehlen. Wie die Überlegung unter ② zeigt, bewirkt der größere Faktor den Vorteil des Angebotes C und dies unabhängig von der Höhe des Sparbetrages.

Die Summe der Zinssätze beträgt bei allen drei Angeboten 2,9 %, die Produkte der Zinssätze jedoch sind verschieden. Dieser Zusammenhang lässt sich auch geometrisch interpretieren.
Für alle Rechtecke mit derselben Summe von Länge und Breite gilt: Der Flächeninhalt ist umso größer, je geringer der Unterschied zwischen Länge und Breite ist.

1 Berechne jeweils den fehlenden Wert mithilfe der Zinsformel:

$$Z = K \cdot p\,\% = K \cdot \frac{p}{100}$$

	a)	b)	c)
Kapital (K)	1 800 €		3 000 €
Zinssatz (p %)	0,5 %	1,8 %	
Zinsen (Z)		81 €	19,50 €

2 Tom hat seine Ersparnisse für ein Jahr fest angelegt. Am Jahresende erhält er 20 € Zinsen. Wie viel Zinsen würde Tom nach einem Jahr erhalten,

a) wenn er doppelt so hohe Ersparnisse bei doppelt so hohem Zinssatz angelegt hätte?

b) wenn er doppelt so hohe Ersparnisse bei halb so großem Zinssatz angelegt hätte?

c) wenn er nur die Hälfte seiner Ersparnisse bei doppelt so hohem Zinssatz angelegt hätte?

3 Welche Person hat in zehn Jahren den höchsten Zinssatz für ihr Kapital bekommen?

	Anfangskapital	Endkapital
☐ Anja	2 400 €	2 925,59 €
☐ Boris	1 800 €	2 281,77 €
☐ Pia	300 €	348,16 €
☐ Luca	600 €	798,83 €

4 Die Hausverwaltung bietet Frau Winter zwei Formen des Staffelmietvertrags an:

Angebot A: 3,5 % Mieterhöhung im 1. Jahr, 4,5 % im 2. Jahr

Angebot B: 4,5 % Mieterhöhung im 1. Jahr, 3,5 % im 2. Jahr

a) Auf den ersten Blick erscheinen ihr beide Angebote gleich gut. Stimmt das? Begründe.

b) Mit welcher gleich bleibenden prozentualen Mieterhöhung könnte die Hausverwaltung nach zwei Jahren dieselbe Miete erzielen?

1 Die Heini-Klopfer-Skiflugschanze in Oberstdorf gilt als eine der größten Skiflugschanzen der Welt. Sie wird im Volksmund auch „Schiefer Turm von Oberstdorf" genannt.
Welchen Höhenunterschied hat die Anlaufbahn und wie lang ist diese?

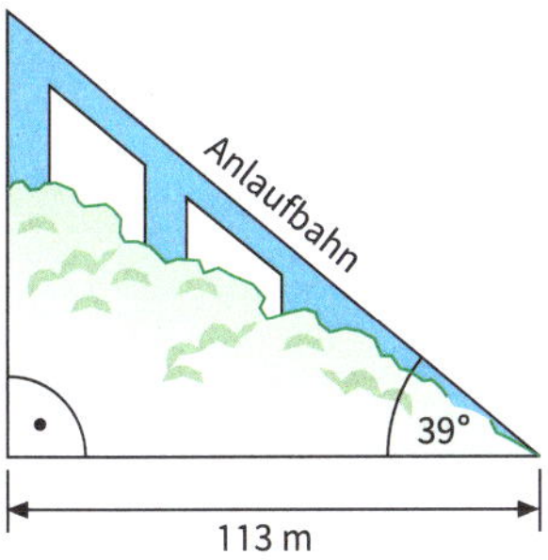

2 Abgebildet ist ein Segelschiff, das von zwei Leuchttürmen angepeilt wird. Wie weit ist es von den beiden Leuchttürmen jeweils entfernt?

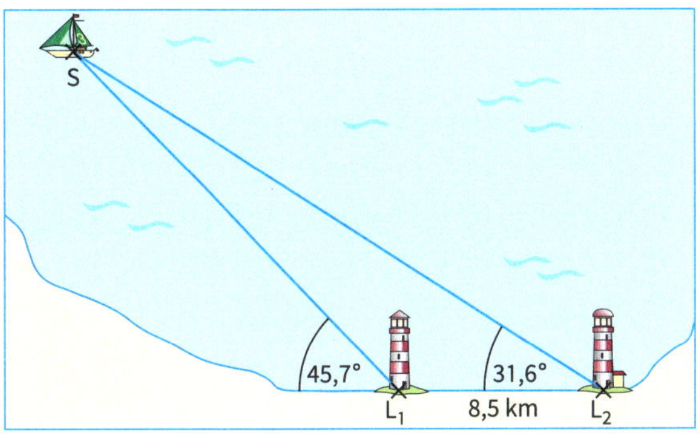

3 Im Maßstab 1:5000 sieht man eine Passstraße von oben. Sie beginnt an Punkt A und erreicht an Punkt B die Passhöhe. Punkt A befindet sich auf einer Höhe von 620 m, die durchschnittliche Steigung beträgt 14 %.
Wie hoch liegt Punkt B und wie weit fährt man von A bis B?

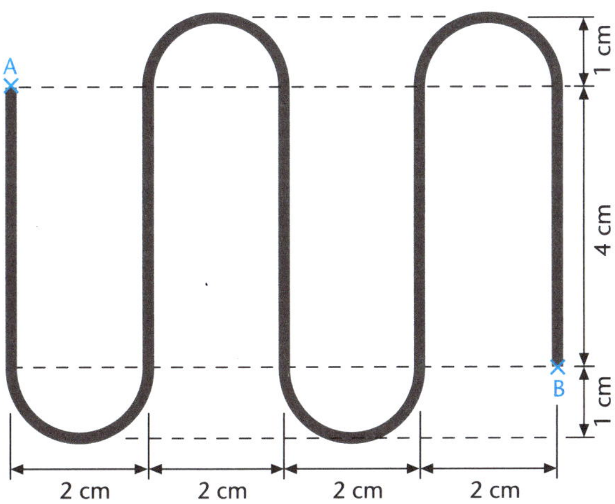

24 Brückenkonstruktion (von S. 51)

Über den Fluss soll eine Brücke führen, die in A beginnt und B endet. Vermesser haben am unteren Flussufer eine 400 m lange Strecke $\overline{AC}$ abgesteckt und von dort folgende Winkel vermessen:
∢ BAC = 67,8° und ∢ ACB = 49,3°
Bestimme die Länge der Brücke durch eine maßstäbliche Zeichnung und durch Berechnung auf einem extra Blatt.

http://nale.fi/xkpg

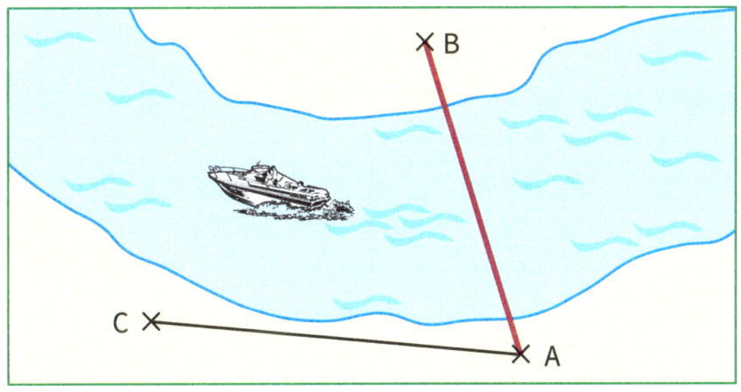

① *Zeichnerische Lösung*
Maßstab 1 : 10 000
(1 cm ≙ 100 m).
Messung: x = 3,4 cm
In Wirklichkeit:
$\overline{AB}$ = 3,4 cm · 10 000
$\overline{AB}$ = 340 m

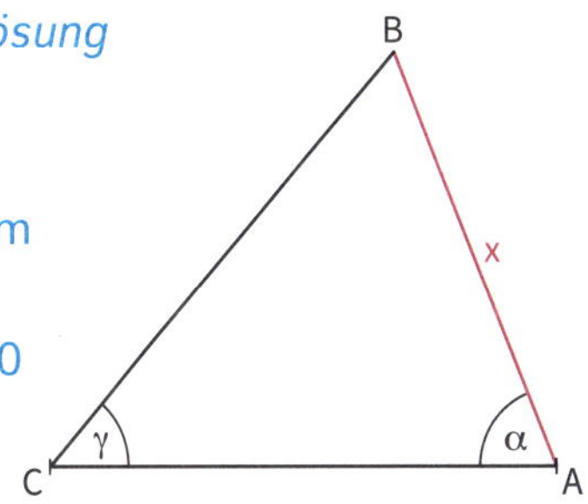

② *Rechnerische Lösung*
$\alpha = ∢BAC = 67{,}8°$
$\gamma = ∢ACB = 49{,}3°$
$\beta = 180° - \alpha - \gamma = 62{,}9°$

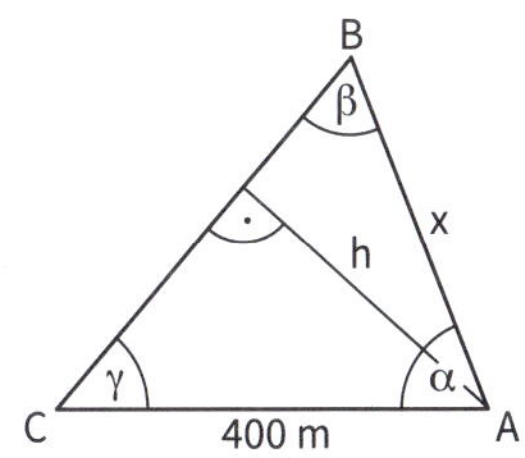

Das Dreieck CAB wird durch die Höhe h in zwei rechtwinklige Dreiecke zerlegt.

$\sin\gamma = \frac{h}{400\text{ m}}$

$h = 400\text{ m} \cdot \sin 49{,}3° \approx 303{,}25\text{ m}$

$\sin\beta = \frac{h}{x} = \frac{303{,}25\text{ m}}{x}$

$x = \frac{303{,}25\text{ m}}{\sin 62{,}9°} \approx 340{,}65\text{ m}$

Die Brücke muss rund **341 m** lang werden.

Falls der Sinussatz behandelt wurde, gibt es noch einen kürzeren Weg:

$\frac{x}{\sin 49{,}3°} = \frac{400\text{ m}}{\sin 62{,}9°}$

$x = \frac{400\text{ m} \cdot \sin 49{,}3°}{\sin 62{,}9°}$

$x \approx 340{,}65$ m

http://nale.fi/hhyk

25 Verdienst (von S. 51)

Herr Berger arbeitet als Verkäufer. Er kann sich in seiner Firma entscheiden, wie sein Verdienst berechnet wird:

	A	B	C	D
1	Umsatz	Provision (4%)	Verdienst Modell 1	Verdienst Modell 2
2	- €	- €	2.500,00 €	- €
3	10.000,00 €	400,00 €	2.900,00 €	1.000,00 €
4	20.000,00 €	800,00 €	3.300,00 €	2.000,00 €
5	50.000,00 €	2.000,00 €	4.500,00 €	5.000,00 €
6	100.000,00 €	4.000,00 €	6.500,00 €	10.000,00 €

Modell 1: 2 500 € Grundgehalt plus 4 % Provision vom Umsatz;

Modell 2: kein Grundgehalt, aber dafür 10 % Provision vom Umsatz.

a) Lies aus der Tabelle ab, wie viel Herr Berger bei einem Umsatz von 20 000 € nach Modell 1 mehr verdienen würde als nach Modell 2.

b) Gib eine Formel für den Verdienst in Zelle D3 an.

c) Kreuze an, welche Formeln den Verdienst in Zelle C3 liefern. ☐ =B3+2500 ☐ =A3+B3 ☐ =A3*4/100 ☐ =A3*0,04+2500

d) Bei welchem Umsatz ist der Verdienst bei beiden Modellen gleich?

Zu a)
Man kann in Zeile 4 ablesen, dass er bei einem Umsatz von 20 000 € nach Modell 2 2 000 € verdienen würde und nach Modell 1 3 300 €, also **1 300 € mehr.**

Zu b)
Der zugehörige Umsatz steht in Zelle A3. 10 % vom Umsatz sind dann **=A3*10/100** oder **=A3*0,1.**

Zu c)
Richtig sind:
☒ **=B3+2500** (Provision + Grundgehalt) und
☒ **=A3*0,04+2500** (mit A3*0,04 als Provision)
Bei der Formel =A3*4/100 wird nur die Provision berechnet, ohne das Grundgehalt.
In der Formel =A3+B3 werden der Umsatz und die Provision addiert.

Zu d)

$$2\,500\text{ €} + \frac{4}{100}\cdot \text{Umsatz} = \frac{10}{100}\cdot \text{Umsatz}$$

$$2\,500\text{ €} = \frac{6}{100}\cdot \text{Umsatz}$$

$$250\,000\text{ €} = 6\cdot \text{Umsatz}$$

$$\text{Umsatz} \approx 41\,667\text{ €}$$

Bei einem Umsatz von **41 667 €** verdient man mit beiden Modellen gleich viel.

1 Tim möchte für seinen Umzug einen Transporter mieten. Er vergleicht zwei Angebote.
Angebot A: 0,42 €/Kilometer + 38 € Pauschale
Angebot B: 0,32 €/Kilometer + 66 € Pauschale

	A	B	C
1	**Strecke in km**	**Angebot A**	**Angebot B**
2	50	59,00 €	82,00 €
3	100	80,00 €	98,00 €
4	150	101,00 €	114,00 €
5	200	122,00 €	130,00 €
6	250	143,00 €	146,00 €
7	300	164,00 €	162,00 €
8	350	185,00 €	178,00 €
9	400	206,00 €	194,00 €

a) Welche Formeln liefern das korrekte Ergebnis in Zelle B7?
☐ =A7*0,42 ☐ =A7*0,42+38 ☐ =B2+B5

b) Lies in der Tabelle ab, für wie viel km die Angebote etwa gleich sind. Begründe.

c) Stelle für beide Angebote die Gleichungen für die Funktion *Strecke (km) → Kosten (€)* auf und ermittle rechnerisch, für welche Kilometerzahl bei beiden Angeboten die gleichen Kosten anfallen.

2 Tanja untersucht mit einer Tabellenkalkulation die Veränderung des Würfelvolumens beim Anwachsen der Kantenlänge.

	A	B	C	D	E	F	G
1	**Kantenlänge a**	2	3	4	5	6	7
2	**Volumen V**	8	27				

a) Durch welche Eingabe berechnet das Programm den Wert in Zelle D2?

b) Welche Zellen würdest du vergleichen, um die folgende Frage zu beantworten: Wie verändert sich das Würfelvolumen, wenn sich die Kantenlänge verdoppelt?

3 Wie entwickelt sich der Preis von 80 € für ein Paar Schuhe, wenn er abwechselnd um 20 % herauf und um 20 % herabgesetzt wird?

	A	B
1	**q**	**80**
2	1,2	
3	0,8	
4	1,2	
5	0,8	
6	1,2	
7	0,8	

a) Die Zahl in Zelle B2 wird mit der Formel =B1*A2 berechnet. Erkläre.

b) Erkläre die Zahl in A3.

c) Welche Formel steht in Zelle B5? Welche in Zelle B6?

1 Im Jahr 1834 bekam Frankreich vom ägyptischen Vizekönig den abgebildeten Obelisken aus Granit geschenkt. Der Obelisk wurde auf einen Sockel gestellt und mit einer 3,6 m hohen goldenen Spitze versehen.

a) Wie hoch ist der Obelisk ungefähr?

b) Durch welche geometrische Form kann das Volumen des Obelisken ungefähr bestimmt werden?

c) Berechne die ungefähre Masse des Obelisken (Dichte Granit: 2,8 Tonnen pro m^3).

2 Auf dem Fotokunstpfad in Zingst ist die Brille ein beliebtes Motiv.

a) Schätze die Maße der Brille (Breite, Höhe, Länge der Bügel).

b) Wie groß müsste eine Person ungefähr sein, zu der diese Brille passt?

3

Wie viele Personen sind auf dem Foto ungefähr versammelt?

26 Riesentasse (von S. 51)

http://nale.fi/kqne

In Koblenz steht vor einem Café die rechts (siehe S. 51) abgebildete Riesentasse.

a) Schätze folgende Größen:
Tassenhöhe; oberer/unterer Tassendurchmesser

b) Jenny hat die folgenden drei Körper gezeichnet, um das Volumen der Riesentasse damit abzuschätzen. Welcher der drei Körper wird das beste Ergebnis liefern? Kreuze an und begründe deine Antwort.

☐ ☐ ☐

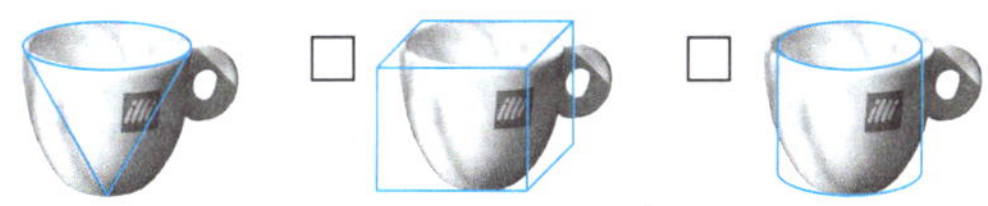

c) Wie teuer wäre ein Cappuccino in dieser Riesentasse, wenn 0,2 *l* Cappuccino in diesem Café 2,80 € kosten?

Die folgenden Maßangaben beziehen sich auf das Foto vorn im Text.

Zu a)
Die Frau dient als Vergleichsgröße. Die Maße der Tasse werden also mit der Größe der Frau verglichen. Die Frau ist ungefähr dreimal so groß wie die Tasse hoch ist. Unter der Annahme, dass die Frau 1,65 m groß ist, beträgt die Tassenhöhe 1,65 m : 3 = **55 cm.** Der obere Tassendurchmesser ist etwa gleich der Tassenhöhe, also auch **55 cm,** der untere (innere!) Tassendurchmesser wird auf **25 cm** geschätzt.

Zu b)
Der **Zylinder** nähert die Form der Tasse am besten an, denn sein Durchmesser ist zwar oben zu klein, aber dafür unten zu groß. Als Durchmesser des Zylinders könnte der Mittelwert aus oberem und unterem Tassendurchmesser gebildet werden. Der Kegel würde einen zu kleinen Wert, der Würfel einen zu großen Wert liefern.

Zu c)
Für den Zylinder aus Aufgabenteil b) ergibt sich mit einer Höhe von 55 cm und einem mittleren Radius von 20 cm folgendes Volumen:
$V = \pi \cdot r^2 \cdot h = \pi \cdot (20\ cm)^2 \cdot 55\ cm \approx 69\,115\ cm^3$
Das sind fast 70 Liter. Bei einer Tassengröße von 0,2 *l* im Café wären das also fast 350 Tassen. Bei einem Preis von 2,80 € pro Tasse kosten 350 Tassen 980 €. Da alle Maße nicht ganz genau sind, kann man feststellen, dass eine Riesentasse Cappuccino **ungefähr 1 000 €** kosten würde.

Abschlusstest

Im Abschlusstest zu den komplexen Aufgaben kannst du zeigen, wie viel du im Vergleich zum Eingangstest dazugelernt hast. Die Lösungen zu diesen Aufgaben findest du im Lösungsheft.

1 Neue Preise

a) Vor einem Monat kostete ein BMX-Fahrrad, für das Anna sich interessiert, noch 639 €. Inzwischen ist es 15 % teurer geworden.

Wie hoch ist der neue Preis gerundet auf Euro? Neuer Preis: ____________

b) Der Preis für einen Sturzhelm wurde von 59 € auf 49 € gesenkt. Berechne die Preisänderung in Prozent. Runde auf ganze Prozent. Preissenkung: ____________

c) Eine orange Sicherheitsweste kostet nach einer Preissenkung um 5 % jetzt 14,80 €. Wie teuer war sie vor der Preissenkung? Runde auf eine Stelle nach dem Komma. Alter Preis: ____________

2 Autofarben

Ein Autohändler führt Statistik darüber, welche Fahrzeugfarben von den Käufern bevorzugt werden. Am beliebtesten sind silbergrau und schwarz (s. Tabelle). Im letzten Jahr verkaufte der Autohändler 228 Autos.

Farbe	Anzahl	Anteil	
		als Bruch	in %
silbergrau	76		
schwarz	57		
Sonstige			

a) Rechne und ergänze die Häufigkeitstabelle. Gib die Anteile als vollständig gekürzten Bruch und in Prozent an.

b) Der Autohändler will in diesem Jahr 300 Autos verkaufen. Mit wie vielen schwarzen Autos kann er dann rechnen?

____

c) Angenommen, die Farbe silbergrau wird mit einer Wahrscheinlichkeit von $\frac{1}{3}$ und die Farbe schwarz mit einer Wahrscheinlichkeit von $\frac{1}{4}$ gewählt. Wie groß ist dann die Wahrscheinlichkeit, dass bei zwei verkauften Autos
(1) beide Autos silbergrau sind, (2) ein Auto silbergrau und das andere schwarz ist?
Vervollständige und beschrifte zunächst das Baumdiagramm

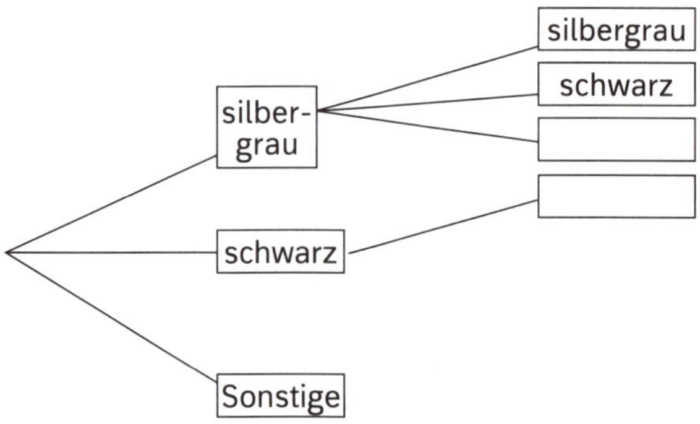

____

____

3 Busfahrt

Das Reiseunternehmen „Grenzenlos“ bietet Busfahrten nach Paris an. Die Abbildung zeigt die Tankfüllung des Reisebusses während der Fahrt von Köln nach Paris.

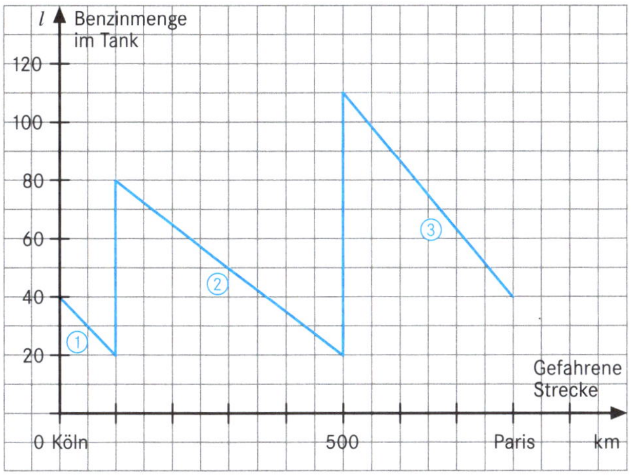

a) Wie oft wurde angehalten, um zu tanken?

b) Wie groß ist die Entfernung von Köln nach Paris ungefähr?

c) Auf welcher Teilstrecke ①, ② oder ③ war der Benzinverbrauch pro 100 km am größten?

d) Wie viel Liter Benzin verbrauchte der Bus auf der gesamten Fahrt?

4 Behälter mit Kugeln

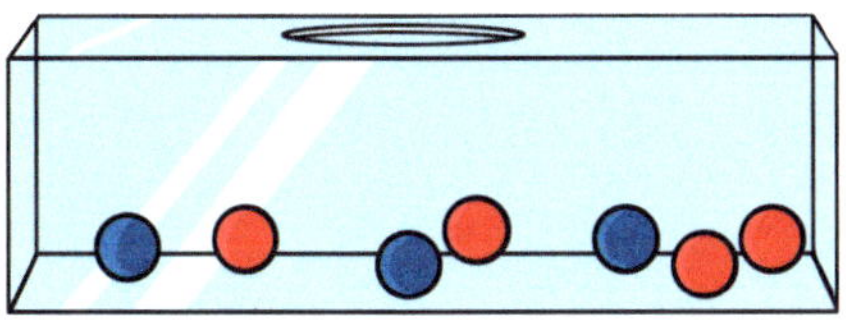

In einem Behälter sind 3 blaue und 4 rote Kugeln. Marc schlägt Björn folgendes Spiel vor:

> „Du darfst verdeckt nacheinander zwei Kugeln ziehen, ohne die zuerst gezogene Kugel in den Behälter zurückzulegen. Du gewinnst, wenn die beiden Kugeln die gleiche Farbe haben, sonst gewinne ich.“

Zeichne ein Baumdiagramm und berechne die Gewinnwahrscheinlichkeiten.

Baumdiagramm:

Gewinnchance für Marc:

Gewinnchance für Björn:

5 Lotterie

Die 2000 Lose einer Lotterie setzen sich so zusammen:

- 80 % Nieten
- 15 Hauptgewinne von je 50,00 €
- 4 % Preise von je 6,00 €
- Rest Trostpreise von je 0,50 €

Ein Los kostet 1,00 €.

a) Hat der Losverkäufer recht? Begründe.

b) Es wurden alle Lose verkauft. Berechne den Gewinn der Lotterie.

6 Flugzeug

Nach 26,3 km Flug befindet sich das Flugzeug über Alsburg.

a) In welcher Höhe überfliegt es Alsburg?

____

b) Berechne den Steigungswinkel und gib die Steigung in Prozent an.

____

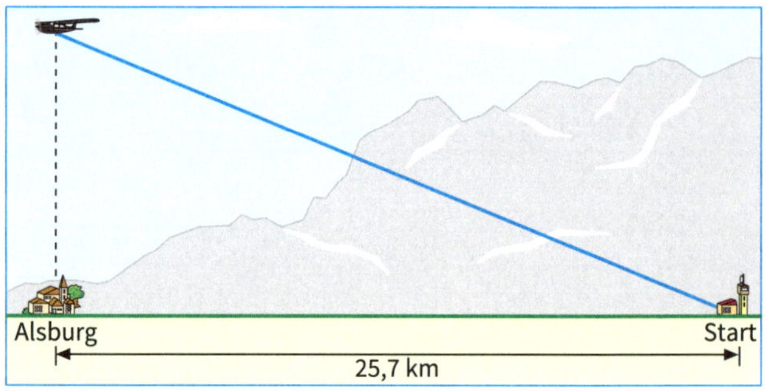

7 CD

a) Wie groß ist der Datenbereich, also die beschreibbare Fläche einer CD?

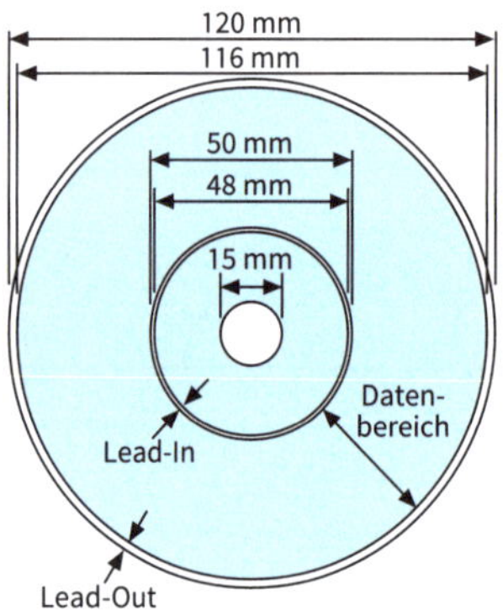

____

b) Eine CD wird von innen nach außen beschrieben. Diesen beschriebenen Anteil kann man sehen. Wie weit muss die CD beschrieben sein, damit der Datenbereich zur Hälfte gefüllt ist? (Wann ist die CD „halb voll“?)

____

8 Reisepreis

Ein Reiseveranstalter verlangt bei der Buchung einer Reise sofort eine Anzahlung von 20 % des Reisepreises und vier Wochen vor Abfahrt den Restbetrag.

a) Ergänze in Zeile 4 der Tabelle die Werte für die Anzahlung und den Restbetrag.

	A	B	C
1	**Reisepreis**	**Anzahlung (20%)**	**Restbetrag**
2	500,00 €	100,00 €	400,00 €
3	750,00 €	150,00 €	600,00 €
4	998,00 €		
5	1.437,00 €	287,40 €	1.149,60 €

b) Gib für die Zellen B4 und C4 Formeln an, mit denen diese Werte berechnet werden können.

B4: ______________________ C4: ______________________

9 Ferienplanung

Die vierköpfige Familie Dogan sucht eine Ferienwohnung in Österreich. Die drei abgebildeten Angebote kommen in die engere Wahl.

Ferienwohnung Sonne
70 € pro Nacht • pauschale Nebenkosten (Strom und Endreinigung: 40 € pro Person)

Ferienwohnung Alpenblick
Endreinigung EUR 50,00 pro Aufenthalt, keine weiteren Nebenkosten
EUR 80 pro Nacht

Ferienappartement Höhenluft
90 € pro Nacht · Keine weiteren Nebenkosten

a) Beschreibe den Preis y des Angebots „Ferienwohnung Sonne“ durch eine Funktionsgleichung (x – Anzahl Nächte).

y = ____________________

b) Stelle die Zuordnungen der drei Angebote im Koordinatensystem dar.

c) Familie Dogan will genau zwei Wochen bleiben. Begründe mithilfe der Grafik, für welches Angebot sich die Familie entscheiden sollte.

____

____

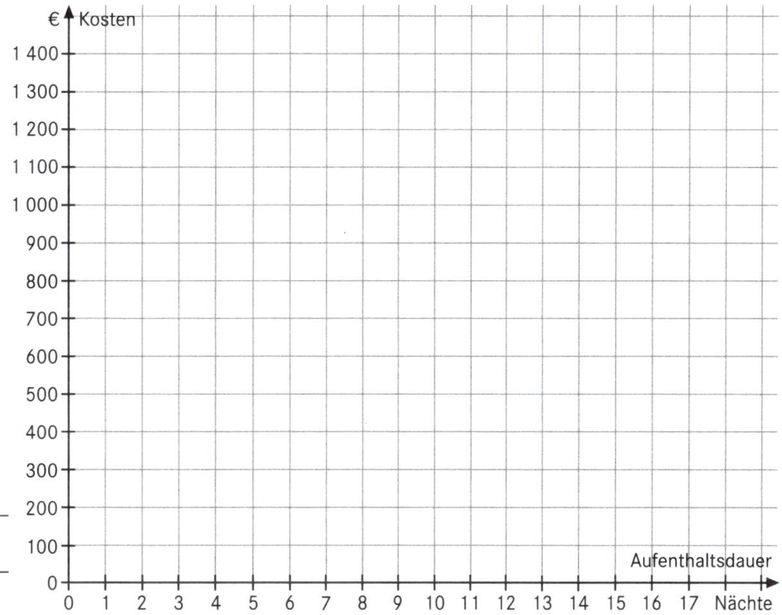

10 Sonnenfinsternis

Am 19. März 2015 berichtete ein Internetdienst:

Stromnetz vor Härtetest
Während der morgigen Sonnenfinsternis werden die Solaranlagen in Deutschland (Gesamtleistung: ca. 18 Gigawatt) maximal 6 Gigawatt liefern. Das sind gerade mal 3 % der normalen Leistung!

Die nebenstehende Meldung ist fehlerhaft. Begründe.

____

____

____

11 Verein

Rechts abgebildet siehst du eine Umfrage unter 325 Jugendlichen, die in ihrer Freizeit Fußball spielen.

	spielen in ihrer Freizeit Fußball	davon im Verein
Mädchen	75	15
Jungen	250	35

a) Wie viel Prozent der befragten Jugendlichen sind auch Mitglied im Fußballverein?

____

b) Helena meint dazu: „Von allen Befragten, die in einem Verein Fußball spielen, sind nur 30 % Mädchen.“
Stimmt das? Begründe deine Antwort.

____

c) Justus ergänzt: „Wenn Jungen in ihrer Freizeit Fußball spielen, dann sind sie auch deutlich häufiger im Verein als Mädchen, die in ihrer Freizeit Fußball spielen.“ Hat Justus recht? Begründe.

____

12 Zahlenrätsel

a) Finde zu den Zahlenrätseln eine passende Gleichung und löse sie.

(1) Verdoppelst du die Summe aus dem Fünffachen einer Zahl und 7, so erhältst du das um 53 vermehrte Produkt aus der Zahl und –3.

(2) Subtrahierst du von einer Zahl –8, so erhältst du das Fünffache der Zahl vermehrt um 64.

(3) Max verringert das Vierfache einer Zahl um 17, Moritz verdreifacht die Differenz zwischen der Zahl und 2. Beide erhalten das gleiche Ergebnis.

(A) $2(5x+7) = -3x+53$

(B) $2 \cdot 5x + 7 = -3x + 53$

(C) $2(5x+7) = -3x \cdot 53$

(D) $x - 8 = 5x + 64$

(E) $x : 8 = 5x + 64$

(F) $x - (-8) = 5x + 64$

(G) $4x - 17 = 3x - 2$

(H) $4x - 17 = 3(x-2)$

(I) $4(x-17) = 3(x-2)$

(1) ______________ (2) ______________ (3) ______________

13 Haus mit Pultdach

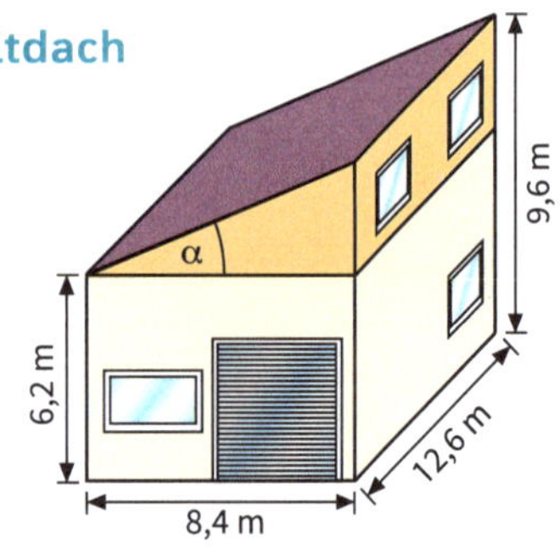

a) Berechne den umbauten Raum des Hauses.

____

b) Wie groß ist der Flächeninhalt der Seitenflächen?

____

c) Berechne den Neigungswinkel α des Daches.

14 Taschengeld

Eine Gruppe von Jugendlichen wurde nach der Höhe ihres monatlichen Taschengeldes befragt. Das Ergebnis wurde in einem Boxplot dargestellt. Formuliere einige Aussagen, die du am Boxplot ablesen kannst. Benutze dabei auch die Begriffe *Spannweite, Median, unteres Quartil, oberes Quartil* und *Streuung*.

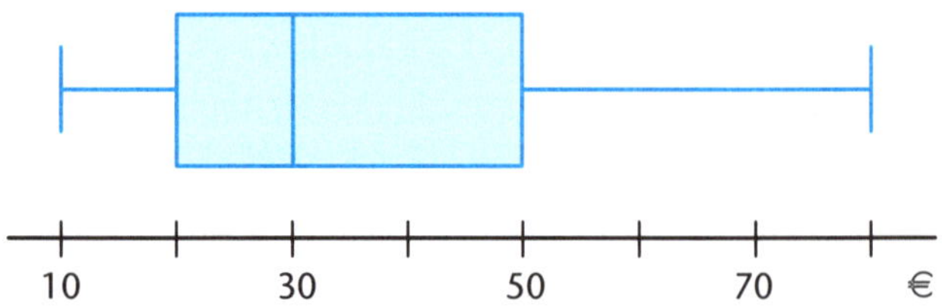

____

____

____

15 Aralsee

Der Aralsee war ein großer, abflussloser Salzsee in Kasachstan und früher der viertgrößte Binnensee der Erde.
Vor etwa 60 Jahren begann der See auszutrocknen. Mittlerweile ist die Austrocknung so stark fortgeschritten, dass der Aralsee in mehrere Teile zerfallen ist. Das linke Bild zeigt die Größe des Sees im Jahr 1960, das rechte Bild die Größe im Jahr 2010.

a) Bestimme näherungsweise die Fläche des Sees im Jahr 1960.

____

b) Bestimme näherungsweise die Fläche des Sees im Jahr 2010.
Wie viel Prozent seiner Größe von 1960 hatte der Aralsee zu diesem Zeitpunkt verloren?

____

16 Ernährung

Auf Lebensmittelverpackungen finden sich zahlreiche Informationen für den Verbraucher.

1 Portion enthält:
Zucker 4,9 g*
*5,6 % der empfohlenen Tagesmenge eines Erwachsenen

a) Welche Tagesmenge Zucker wird empfohlen?

____

b) Welcher prozentuale Anteil der empfohlenen Tagesmenge an Zucker ist in folgendem Frühstück enthalten?
(1) eine Scheibe Vollkorntoast mit Butter und Marmelade ____________________

(2) zwei Scheiben Vollkorntoast mit Schokobrotaufstrich ____________________

(3) ein Glas Kakaomilch ____________________

Lebensmittel	1 Portion sind:	Zuckergehalt pro Portion (in g)
Vollkorntoast	1 Scheibe	0,5
Butter	Butter für eine Scheibe Toast	0,5
Schokobrotaufstrich	Brotaufstrich für eine Scheibe Toast	10,0
Marmelade	Marmelade für eine Scheibe Toast	15,0
Kakaomilch	1 Glas	20,0

17 Gleichungen

Löse die Gleichungen. Überlege zuerst, ob du eine Lösungsformel brauchst.

(1) $(x + 3) \cdot (8 - 2x) = 0$
Lösungen: ____________________

(2) $x^2 + 5x = 0$
Lösungen: ____________________

(3) $3x^2 - 8 = 4$
Lösungen: ____________________

(4) $2x^2 - 12x + 4 = 18$
Lösungen: ____________________

18 Gebäude

Das Foto zeigt die Front einer Ausstellungshalle. In dem eingezeichneten Koordinatensystem lässt sich die Außenlinie im oberen Teil durch eine Parabel mit der Funktionsgleichung

$y = -\frac{1}{9}x^2 + 18$

beschreiben (x und y in Meter).

a) Gib die Höhe der Ausstellungshalle (in Meter) an. ____________________

b) Zeige, dass in einer Höhe von 9 m die Ausstellungshalle genau doppelt so breit wie hoch ist.

c) Berechne die Nullstellen der Parabel und beurteile damit, ob auch im unteren Teil der Außenlinie der Halle die Beschreibung durch diese Parabel geeignet ist.

19 Nerobergbahn

Seit mehr als 120 Jahren fährt in Wiesbaden die Nerobergbahn, die ausschließlich durch Schwerkraft einen Höhenunterschied von 83 m überwindet. Und das geht so: Der talwärts fahrende Wagen zieht den anderen Wagen nach oben. Das nötige Gewicht liefert das sogenannte Ballastwasser, das jeweils der nach unten fahrende Wagen in einem Tank mit sich führt.
Ermittle die Länge der roten Gleisstrecke von Nerotal nach Neroberg.

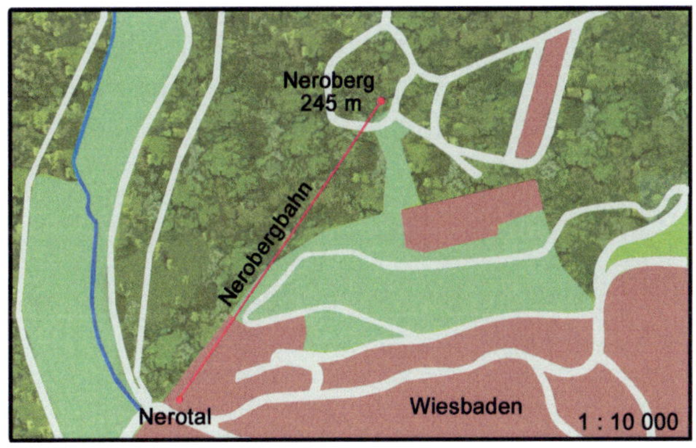

20 Felswand

Um die Höhe einer Felswand zu bestimmen (in der Zeichung die Strecke $\overline{AF}$), wird diese von den zwei Punkten B und C, die 30 Meter voneinander entfernt sind, angepeilt.
Bestimme die Höhe der Felswand durch eine maßstäbliche Zeichnung und durch Berechnung.

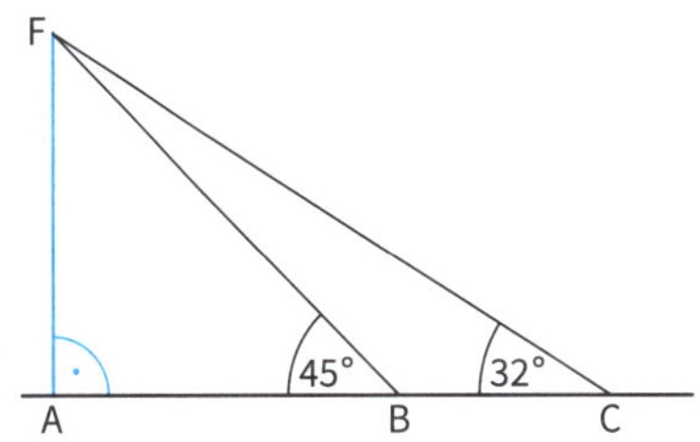

21 Maßänderungen

a) Richtig oder falsch? Korrigiere falsche Aussagen und begründe.

(1) Verdreifacht man den Radius eines Kreises, verdreifacht sich auch der Umfang.
(2) Verdoppelt man den Radius eines Kreises, verdoppelt sich auch der Flächeninhalt.

b) Wie verändert sich das Volumen eines Kegels, wenn man seine Höhe und zugleich seinen Radius verdoppelt? Schreibe auf, wie du rechnest.

22 Wucherzins

Private Kredite können teuer werden. Rechts ist der Schuldenverlauf für einen Kredit von 5 000 € dargestellt.

a) Erstelle eine Wertetabelle für die ersten sechs Jahre. (Runde die Euro-Beträge.)

b) Berechne den Zinssatz, den der Kreditgeber verlangt.

c) Es wird nichts zurückgezahlt. Wie lange dauert es, bis die Schulden 30 000 € übersteigen?

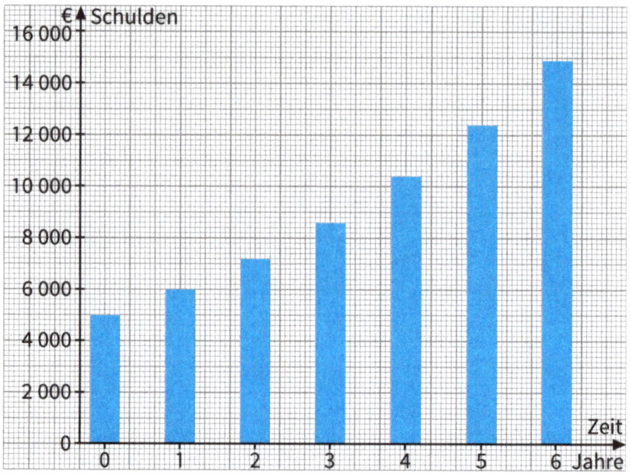

23 Sonderpreis

a) Kreuze an, mit welchen Methoden (1), (2) oder (3) der Mofapreis bei Barzahlung richtig berechnet wird.

☐ (1) Man berechnet 15 % von 1 500,– € und subtrahiert das Ergebnis von 1 500,– €.

☐ (2) Man berechnet 85 % von 1 500,– € und zieht noch 3 % des gesenkten Preises ab.

☐ (3) Den Preis bei Barzahlung kann man so berechnen: 1 500 € · 0,85 · 0,97.

b) Was kostet das Mofa bei Barzahlung?

Preis: ______________________________

24 Werkstück

In ein zylindrisches Werkstück aus Messing (Dichte $\rho = 8{,}73\ \frac{g}{cm^3}$) sind zwei gleichgroße kegelförmige Vertiefungen gefräst.

a) Berechne die Masse des Werkstücks.

b) Berechne den Oberflächeninhalt des Werkstücks.

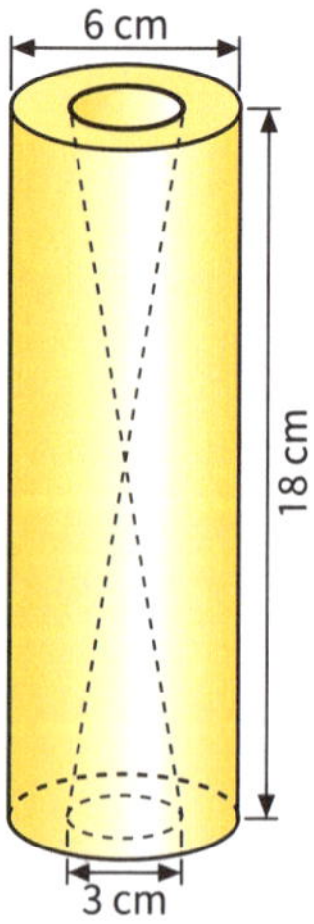

25 Lustige Abfallbehälter

In einem Ort auf Sardinien fordern diese bunten Behälter zur Mülltrennung auf.

a) Schätze folgende Größen:

Höhe h der Behälter (ohne „Kopf"): ________

Höhe k der Behälter (mit „Kopf"): ________

oberer Durchmesser d_o: ________

unterer Durchmesser d_u: ________

b) Entscheide und begründe, mit welchem der drei abgebildeten Körper sich das Volumen am besten abschätzen lässt.

(1)

(2)

(3)

26 Kugeln

Hier siehst du eine Folge von Figuren, die aus blauen und weißen Kugeln bestehen.

Figur	1	2	3	4	5	6
		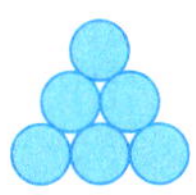	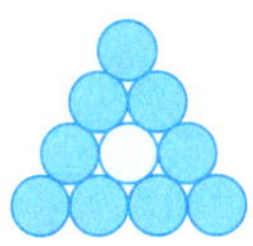	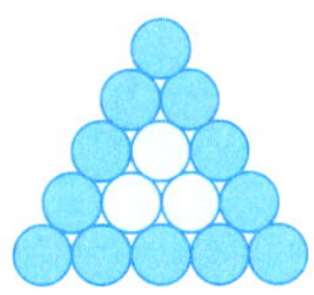		
Anzahl aller Kugeln						
Anzahl der blauen Kugeln						
Anzahl der weißen Kugeln						

a) Skizziere die Figur 6 und fülle die Tabelle aus.

b) Begründe, dass die Anzahl der blauen Kugeln in der n-ten Figur mit dem Term $3 \cdot n$ berechnet werden kann.

____

____

____

____

Die Anzahl aller Kugeln in der Figur n kann mit dem Term $\frac{1}{2} \cdot (n + 2) \cdot (n + 1)$ berechnet werden.

c) Wie viele Kugeln hat die Figur 15 insgesamt? ________

d) Wie viele weiße Kugeln hat die Figur 20? ________

Teil C Original-Prüfungsaufgaben

In diesem Teil deines Arbeitsbuches findest du die Original-Prüfungsarbeiten aus den letzten Jahren. Bearbeite mindestens eine dieser Arbeiten unter Prüfungsbedingungen, d. h. in der für jeden Prüfungsteil vorgeschriebenen Zeit und nur mit den zugelassenen Hilfsmitteln. Eine Formelsammlung findest du im Lösungsheft.

Abschlussprüfung Niedersachsen Realschulabschluss 2021

Bearbeitungszeit für die gesamte Prüfung 150 min

Hauptteil 1 2021 (28 Punkte)

Die Aufgaben im Hauptteil 1 sind ohne Hilfsmittel und auf den Aufgabenblättern zu lösen.

1. Ergänze die fehlenden Zahlen in den Lücken. (4 P)

a) $1{,}5 + 2 \cdot 3 =$ ______ b) ______ $- 2 = -7$ c) $\frac{1}{2} +$ ______ $= \frac{3}{4}$ d) $0{,}4^2 =$ ______

2. Gib die Größen in den angegebenen Einheiten an. (3 P)

a) 2,7 cm = __________ mm b) $\frac{3}{4}$ ℓ = __________ mℓ c) $2\frac{1}{3}$ h = __________ min

3. Alle niedersächsischen Kühe geben zusammen jeden Tag durchschnittlich 18 465 232 Liter Milch. (2 P)

a) Runde die Zahl auf ganze Millionen. 18 465 232 ≈ ____________________

b) Bestimme die Menge Milch, die alle niedersächsischen Kühe zusammen in einem Jahr durchschnittlich geben. Kreuze an.

○ 670 Mrd. Liter ○ 6,7 Mrd. Liter ○ 67 Mio. Liter

4. Entscheide, ob die Zuordnungen proportional, antiproportional oder keines von beidem sind. Kreuze an. (3 P)

<table>
<tr><th colspan="2">Zuordnung</th><th>proportional</th><th>antiproportional</th><th>keines von beidem</th></tr>
<tr><td>a)</td><td><table><tr><th>x</th><th>y</th></tr><tr><td>2</td><td>5</td></tr><tr><td>6</td><td>15</td></tr><tr><td>10</td><td>25</td></tr></table></td><td>○</td><td>○</td><td>○</td></tr>
<tr><td>b)</td><td>Seitenlänge eines Quadrates → Flächeninhalt dieses Quadrates</td><td>○</td><td>○</td><td>○</td></tr>
<tr><td>c)</td><td></td><td>○</td><td>○</td><td>○</td></tr>
</table>

Quelle (Aufgaben): Niedersächsisches Kultusministerium, Hannover 2021

© Westermann GmbH

5. 80 Schülerinnen und Schülern haben jeweils eine Arbeitsgemeinschaft gewählt. Die Verteilung ist im Kreisdiagramm dargestellt. (2 P)

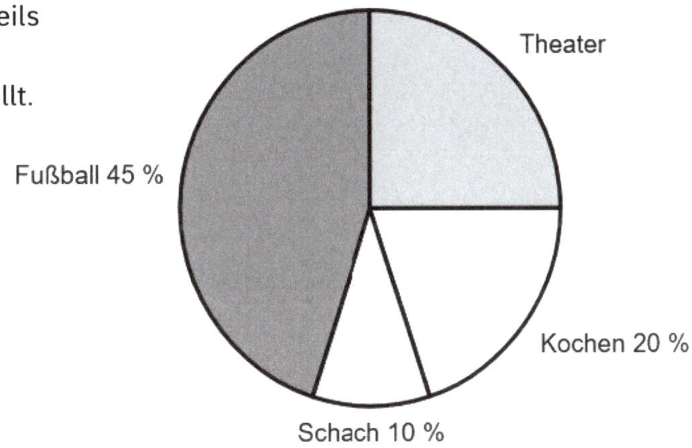

Ergänze die folgenden Sätze.

Die Arbeitsgemeinschaft „Theater“ haben ______ % der Schülerinnen und Schüler gewählt.

Von den 80 Schülerinnen und Schülern haben 20 % die Arbeitsgemeinschaft „Kochen“ gewählt.

Das sind ______ Schülerinnen und Schüler.

6. Die Lehrerin Frau Meier hat eine Klassenarbeit korrigiert und alle Noten unsortiert aufgeschrieben. (3 P)

2 3 4 3 1 2 3 4 2 4 3 4 5 3 5 3 3 6 2 3

a) Vervollständige die Tabelle.

Note	1	2	3	4	5	6
Anzahl	1	4		4	2	1

Frau Meier berechnet den Mittelwert M der erreichten Noten mit folgender Rechenvorschrift.

$M = (1a + 2b + 3c + 4d + 5e + 6f) : 20$

b) Ergänze die folgenden Sätze.

Frau Meier setzt für den Buchstaben e die Anzahl der Schülerinnen und Schüler ein, die

____

Frau Meier teilt durch 20, weil ______________________________

____

7. a) Zeichne einen Winkel $\alpha = 110°$. (3 P)

b) Berechne die Größe des Winkels β.

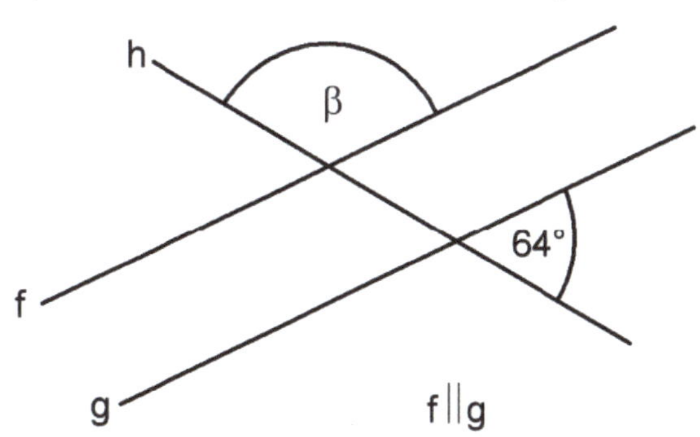

(Skizze nicht maßstäblich)

$\beta =$ ______ °

c) Björn behauptet: „Ich kann ein Nebenwinkelpaar zeichnen, das aus zwei spitzen Winkeln besteht.“ Begründe, dass Björns Behauptung falsch ist.

____

____

____

© Westermann GmbH

8. a) Ergänze die Abbildung zu einem Quadernetz. (3 P)

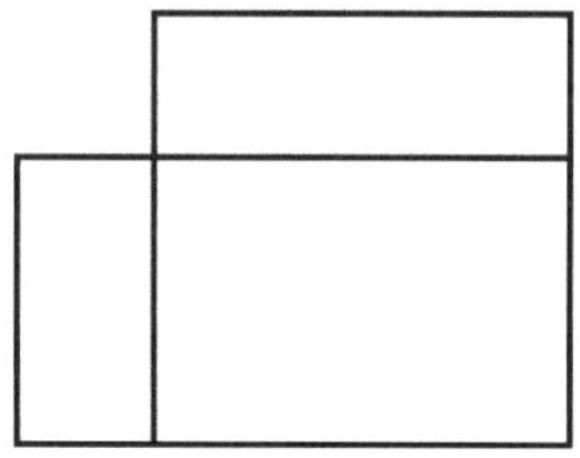

Das untenstehende Netz wird zu einem Würfel gefaltet.

b) Markiere in dem Netz diejenige Kante, welche die drei Punkte berührt.

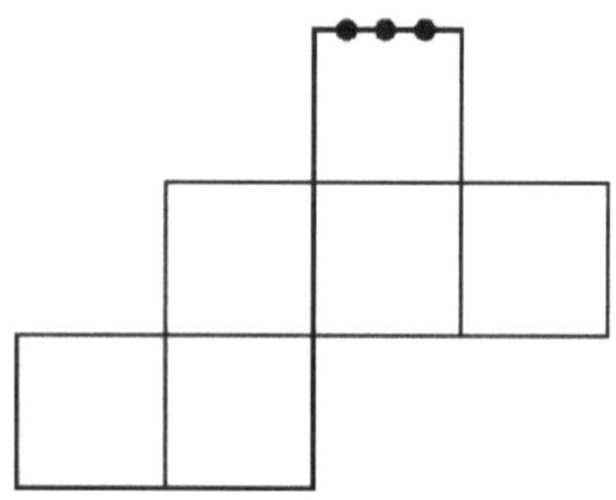

9. Der Flächeninhalt der abgebildeten Figur soll berechnet werden. **(4 P)**

a) Zeichne eine passende Zerlegung oder Ergänzung in die Skizze ein, um den Flächeninhalt zu berechnen.

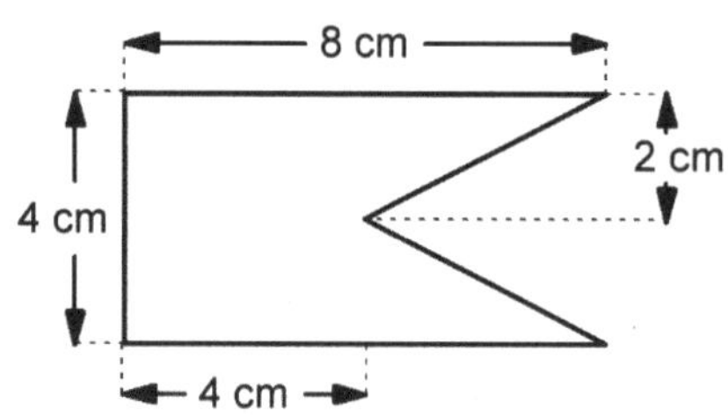

(Skizze nicht maßstäblich)

b) Berechne den Flächeninhalt der Figur. A = ______ cm^2

c) Gib eine allgemeine Formel zur Berechnung des Flächeninhaltes der Figur in Abhängigkeit von x an.

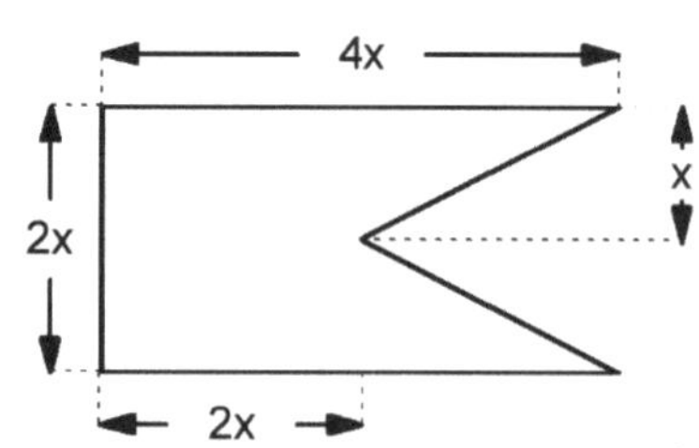

(Skizze nicht maßstäblich)

10. Stelle die Formel nach h um. (1 P)

$A = \frac{g \cdot h}{2}$

© Westermann GmbH

Hauptteil 2 2021

(36 Punkte)

Runde Endergebnisse auf 2 Stellen hinter dem Komma.
Schreibe deine Lösungswege ausführlich auf. Du darfst auch Hilfsmittel (Taschenrechner, Parabel-Schablone, Formelsammlung) benutzen.

1. Berechne die Länge der Seite x. (2 P)

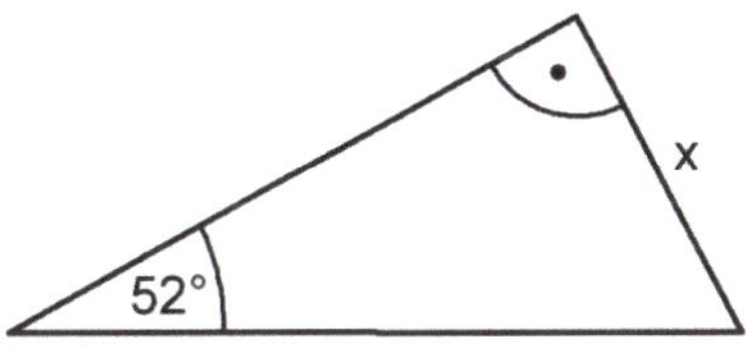

(Skizze nicht maßstäblich)

2. Die Abbildung zeigt einen Würfel mit der Kantenlänge a = 4 cm. (7 P)

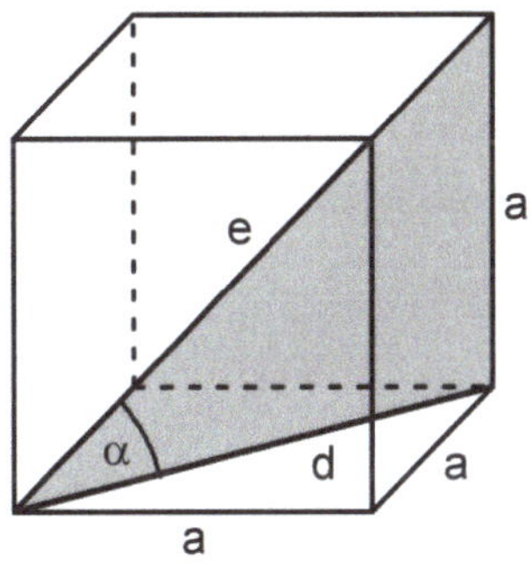

(Skizze nicht maßstäblich)

a) Berechne die Länge der Flächendiagonalen d in der Grundfläche des Würfels.

b) Berechne die Größe des Winkels α.
(Solltest du Teilaufgabe a) nicht gelöst haben, rechne mit d = 7,07 cm weiter.)

c) Zeige mithilfe einer Rechnung, dass die Länge der Raumdiagonalen e mit der Formel
$e = \sqrt{3} \cdot a$ berechnet werden kann.

3. Erik bestimmt mit einem Peildreieck die Höhe eines Baumes. Er steht 22,70 m vom Baum entfernt und hält die Unterkante des Peildreiecks in einer Höhe von 1,60 m. (5 P)

a) Übertrage die fehlenden Größen in die Skizze.

b) Berechne die Höhe des Baumes.

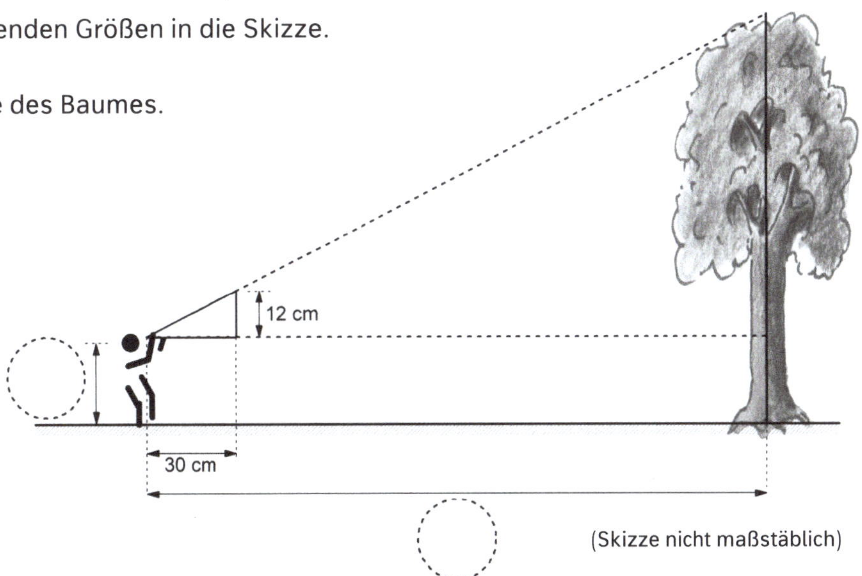

(Skizze nicht maßstäblich)

Leonie will ein zweites Dreieck zeichnen.
Es soll zum abgebildeten Dreieck ähnlich sein.

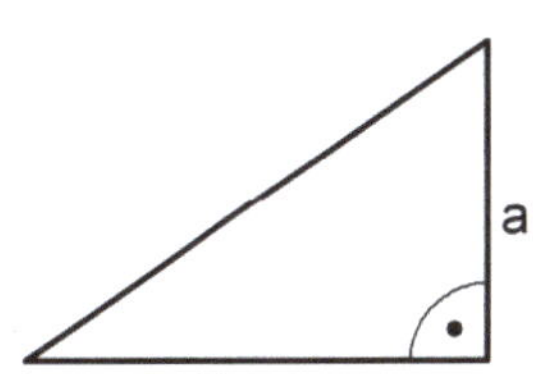

c) Ergänze Leonies Satz.

„Wenn ich die Seite a verdopple, dann muss ich

____,

damit die Dreiecke ähnlich sind."

© Westermann GmbH

4. Mustafa möchte eine Kugelbahn bauen. Er hat den abgebildeten Baustein hergestellt. (11 P)

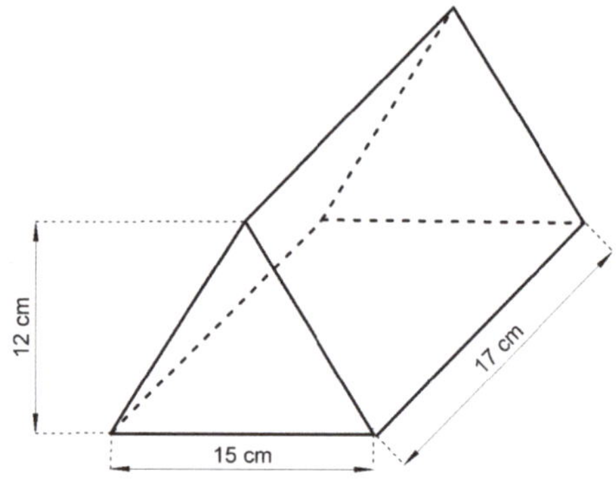

a) Nenne den Fachbegriff für den geometrischen Körper.

b) Berechne das Volumen des Bausteins.

Aus dem Baustein höhlt Mustafa einen Tunnel für die Kugelbahn aus. (Skizzen nicht maßstäblich)

Mustafa bemalt die Vorderseite des Bausteins dunkelgrau.

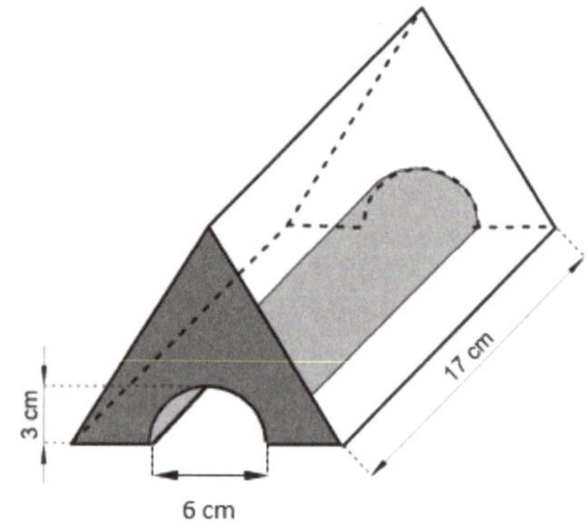

c) Berechne den Flächeninhalt der vorderen Fläche des Bausteins.

Mustafa streicht die Wand des Tunnels.

d) Berechne den Flächeninhalt der zu streichenden Fläche.

Eine Kugel mit $V = 15{,}59\ cm^3$ soll durch den Tunnel gerollt werden.

e) Überprüfe, ob die Kugel durch den Tunnel passt.

5. In dem Koordinatensystem ist der Graph der linearen Funktion y_1 abgebildet. (7 P)

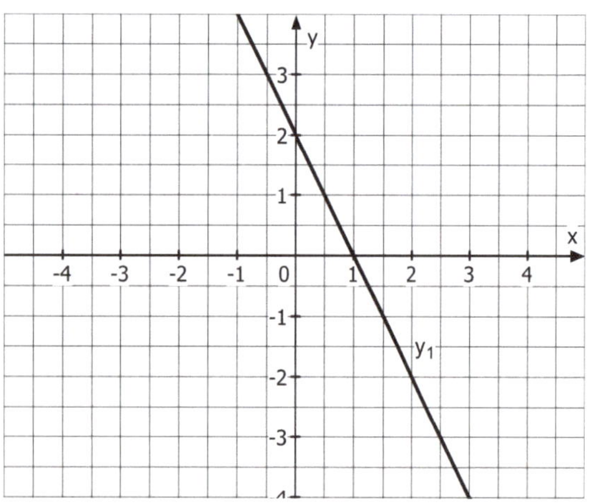

a) Kreuze in der Tabelle die passende Funktionsgleichung an.

Funktionsgleichung	
$y_1 = 2x + 2$	
$y_1 = -2x + 2$	
$y_1 = 2x - 2$	
$y_1 = -2x - 2$	

Eine weitere lineare Funktion mit der Gleichung $y_2 = \frac{1}{2}x - 3$ ist gegeben.

b) Gib die Koordinaten des Schnittpunktes der Funktionen y_1 und y_2 an.

c) Überprüfe mithilfe einer Rechnung, ob der Punkt $P(-8|-7)$ auf dem Graphen der Funktion y_2 liegt.

6. Löse die quadratische Gleichung $x^2 + 14x + 24 = 0$. (3 P)

7. In der Lösungsformel für quadratische Gleichungen fehlt eine Zahl für die Variable q. (1 P)

$$x_{1/2} = -\frac{6}{2} \pm \sqrt{\left(\frac{6}{2}\right)^2 - q}$$

Gib eine Zahl für q an, sodass die Lösungsformel genau ein Ergebnis hat.

© Westermann GmbH

Wahlteil 2021

(40 Punkte)

Von den vier Wahlaufgaben sind zwei zu bearbeiten.

Wahlaufgabe 1

(10 P)

Ein Kegel wird halbiert.
Der halbe Kegel hat den Radius r = 6 cm und die Höhe $h_k = 12$ cm.

a) Berechne die Länge der Mantellinie s.

b) Berechne die Oberfläche des abgebildeten Körpers (halber Kegel).

(Solltest du Teilaufgabe a) nicht gelöst haben, rechne mit s = 13,21 cm weiter.)

c) Berechne das Volumen des halben Kegels.

d) Stelle für einen anderen halben Kegel mit $h_k = 2r$ eine allgemeine Volumenformel in Abhängigkeit von r auf und fasse sie soweit wie möglich zusammen.

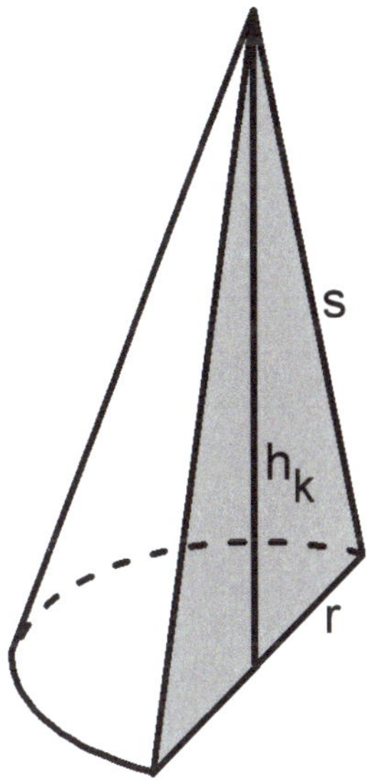

(Skizze nicht maßstäblich)

Wahlaufgabe 2

(10 P)

Lea steht an der Grundlinie eines Volleyballfeldes und schlägt den Ball auf.
Der Graph im Diagramm beschreibt annähernd die parabelförmige Flugbahn dieses Volleyballs.
Er hat die Funktionsgleichung $y = -0{,}02\,(x - 6)^2 + 2{,}5$.

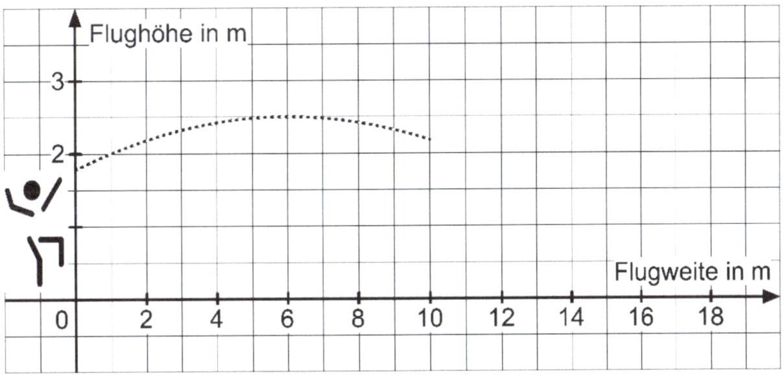

a) Ergänze den folgenden Satz.

Der Volleyball erreicht nach ______ m seine maximale Höhe von ______ m.

Der Schnittpunkt mit der y-Achse ist die Aufschlaghöhe des Balles.

b) Berechne die Aufschlaghöhe des Balles.

In der Mitte des 18 m langen Spielfeldes steht das Volleyballnetz. Es ist 2,04 m hoch.

c) Fliegt der Ball über das Netz? Begründe deine Antwort mithilfe einer Rechnung.

d) Entscheide mithilfe einer Rechnung, ob der Ball im Spielfeld landet.

© Westermann GmbH

Wahlaufgabe 3

(10 P)

Lars spielt mit einem Kartenspiel aus 20 Karten. In dem Kartenspiel sind drei Karten „Joker“.
Lars zieht nacheinander zwei Karten.

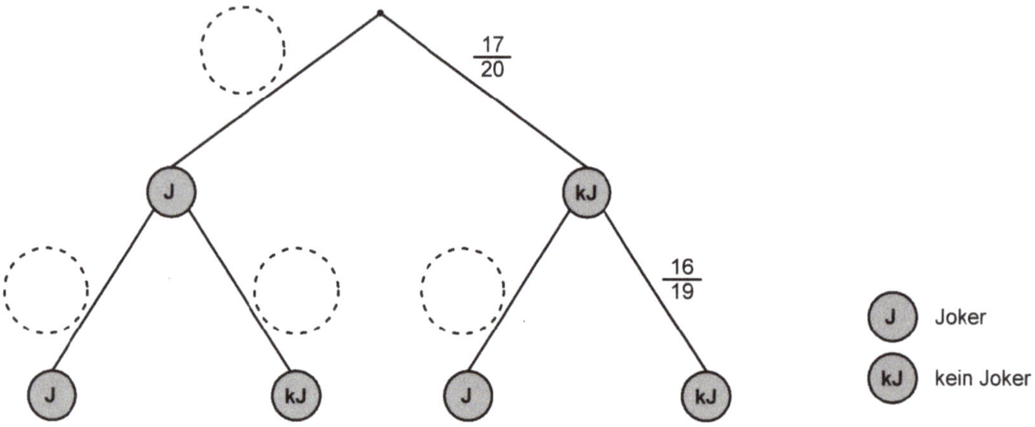

a) Entscheide anhand des Baumdiagramms, ob Lars die erste gezogene Karte in das Kartenspiel zurückgelegt hat oder nicht. Begründe deine Entscheidung.

____

____

b) Berechne die Wahrscheinlichkeit, dass Lars zweimal hintereinander keinen Joker zieht.

____

c) Ergänze im Baumdiagramm die fehlenden Wahrscheinlichkeiten.

Lars gewinnt, wenn er bei zweimaligem Ziehen mindestens einen Joker bekommt.

d) Berechne die Wahrscheinlichkeit dafür, dass er gewinnt. Gib die Wahrscheinlichkeit in Prozent an.

____

Nora zieht Karten aus demselben Kartenspiel. Sie berechnet eine Wahrscheinlichkeit für ein

Ereignis mit $P = 1 - \frac{17}{20} \cdot \frac{16}{19}$.

e) Beschreibe ein passendes Ereignis zu Noras Rechnung.

____

____

© Westermann GmbH

Wahlaufgabe 4

(10 P)

Der schiefe Turm von Pisa ist geneigt. Der Winkel α beträgt 4°.

Die Aussichtsplattform im 7. Stockwerk hat an der geneigten Seite eine Höhe von h = 47,27 m über dem Boden.

a) Berechne die Entfernung x vom Fußpunkt des Turmes bis zur Aussichtsplattform.

b) Berechne den Überhang y des Turmes.

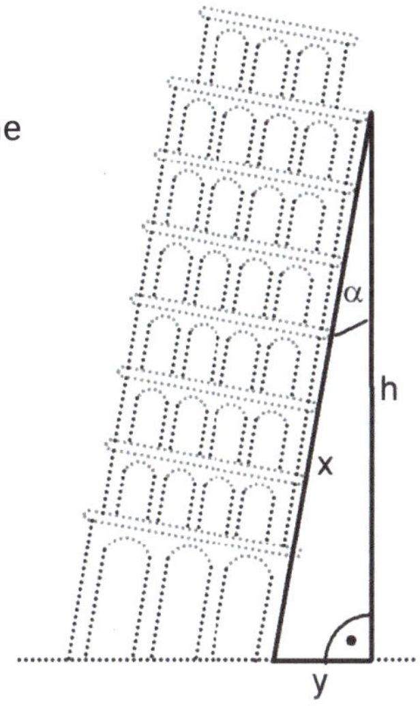

Der schiefe Turm von Suurhusen in Ostfriesland hat bei einer Höhe von 23,37 m über dem Boden einen Überhang von 2,47 m.

c) Entscheide mithilfe einer Rechnung, welcher der beiden Türme im Guinness-Buch der Rekorde als schiefster Turm stehen müsste.

d) Zeige mithilfe der Abbildung, dass in jedem rechtwinkligen Dreieck ABC mit γ = 90° gilt:

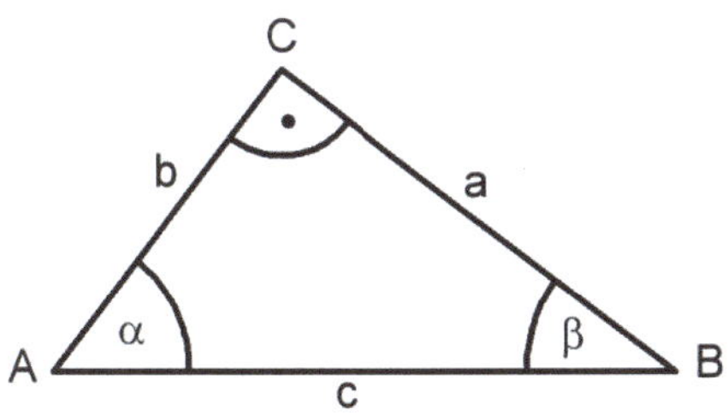

$\sin(\alpha) = \cos(\beta)$

© Westermann GmbH

Wir arbeiten sehr sorgfältig daran, für alle verwendeten Abbildungen die Rechteinhaberinnen und Rechteinhaber zu ermitteln. Sollte uns dies im Einzelfall nicht vollständig gelungen sein, werden berechtigte Ansprüche selbstverständlich im Rahmen der üblichen Vereinbarungen abgegolten.

Abschlussprüfung Niedersachsen Realschulabschluss 2020

Bearbeitungszeit für die gesamte Prüfung 150 min

Hauptteil 1 2020

(28 Punkte)

Die Aufgaben im Hauptteil 1 sind ohne Hilfsmittel und auf den Aufgabenblättern zu lösen.

1. Vergleiche die Zahlen. Setze >, < oder = ein. (3 P)

a) −7 ______ −5   b) $\frac{2}{3}$ ______ 0,6   c) 50 000 ______ 0,5 Millionen

2. Ergänze fehlende Zahlen. (3 P)

a) ______ − ______ = −6   b) ______ · ______ = −6   c) $2^{\square} = 8$

3. Überprüfe das Ergebnis mithilfe einer Überschlagsrechnung. Kreuze die zutreffende Aussage an. (2 P)

Rechnung: 1,95 · 3 627 $\overset{?}{=}$ 70 726,5

Überschlagsrechnung: __________ · __________ = __________

Das Ergebnis ist ... ○ richtig. ○ falsch.

4. In der Tabelle sind die ersten Stellen einer Zahlenfolge dargestellt. (2 P)

Stelle 1	Stelle 2	Stelle 3	Stelle 4	Stelle 5	Stelle 6	...	Stelle x
0	2	6	12	20		...	?

a) Ergänze die Stelle 6 der Zahlenfolge in der Tabelle.

Eine beliebige Stelle x der Zahlenfolge soll berechnet werden.

b) Kreuze den richtigen Term zur Berechnung an.

x · (x + 1) ○   x · x − 1 ○   x · (x − 1) ○

Quelle (Aufgaben): Niedersächsisches Kultusministerium, Hannover 2020

© Westermann GmbH

5. Mert möchte sich ein Handy für 800 € kaufen. Er hat bereits $\frac{3}{4}$ des Geldes. (3 P)

a) Bestimme $\frac{3}{4}$ von 800 €.

Mert hat bereits __________ €.

Das Handy kostet im Angebot 20 % weniger.

b) Entscheide mithilfe einer Rechnung, ob sich Mert das Handy kaufen kann.

Antwort: ____

____

6. Melina hat für 10 Schokoriegel 3,50 € bezahlt. Lotti kauft 3 Schokoriegel von derselben Sorte. (5 P)

a) Berechne den Preis, den Lotti bezahlen muss.

Lotti muss __________ € bezahlen.

Katinka hat 5,00 €.

b) Berechne die Anzahl der Schokoriegel, die sie sich höchstens kaufen kann.

Katinka kann sich höchstens __________ Schokoriegel kaufen.

c) Begründe, dass die Zuordnung proportional ist.

____

____

7. Sebastian wirft einen Würfel 100-mal. Er stellt jeweils die Anzahl der geworfenen Augenzahl in einem Säulendiagramm dar. (3 P)

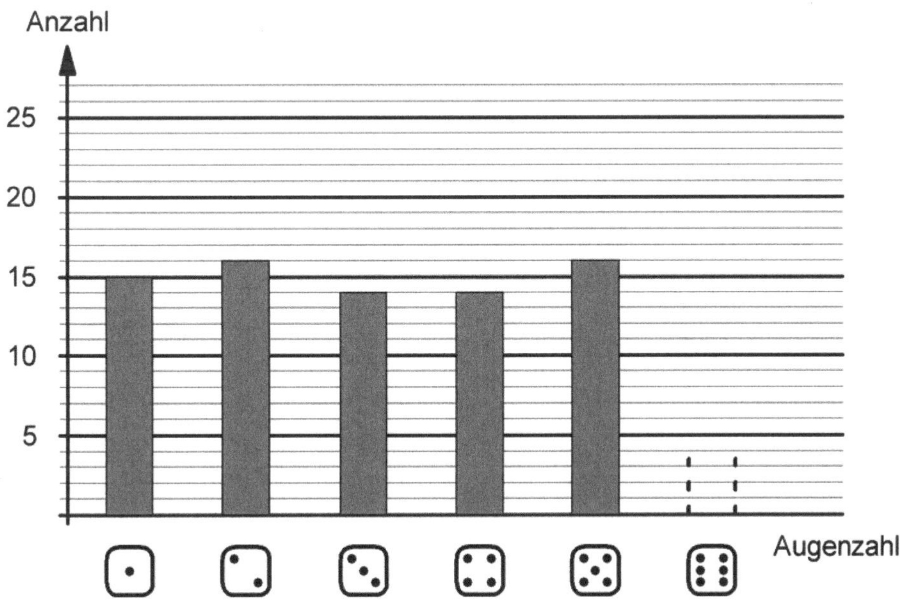

a) Bestimme die Anzahl für die Augenzahl ⚅ und vervollständige das Säulendiagramm.

b) Entscheide, ob es ein fairer Würfel ist. Begründe deine Entscheidung.

____

____

© Westermann GmbH

8. Von einem Dreieck ABC sind die Längen folgender Strecken gegeben: (5 P)

$\overline{AB} = 56$ m; $\overline{AC} = 73$ m

a) Ergänze in der Skizze die gegebenen Längen.

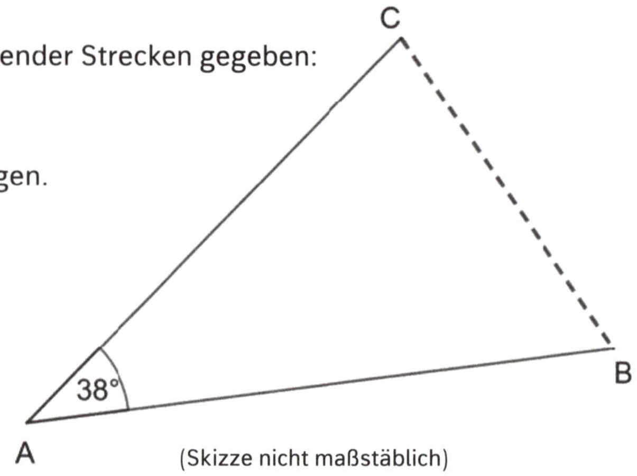

(Skizze nicht maßstäblich)

b) Konstruiere ein maßstabsgerechtes Dreieck und bestimme die Länge der Strecke $\overline{BC}$.

Die Länge der Strecke $\overline{BC}$ beträgt ___________ m.

Peter möchte das Dreieck im Maßstab 1 : 100 in sein Heft konstruieren.

c) Begründe, dass dies nicht möglich ist.

____

____

____

9. Von den drei Aussagen über Vierecke ist nur eine richtig. (2 P)

a) Kreuze die richtige Aussage an.

○ Jedes Rechteck ist ein Quadrat.

○ Jedes Rechteck ist ein Parallelogramm.

○ Jeder Drachen ist eine Raute.

Timo behauptet: „Jedes Parallelogramm ist eine Raute.“

b) Begründe, dass Timos Behauptung falsch ist.

____

____

____

Hauptteil 2 2020

(36 Punkte)

Runde Endergebnisse auf 2 Stellen hinter dem Komma.
Schreibe deine Lösungswege ausführlich auf. Du darfst auch Hilfsmittel (Taschenrechner, Parabel-Schablone, Formelsammlung) benutzen.

1. Ole legt 504 € auf einem Sparkonto mit einem festen Jahreszinssatz von 0,8 % für 6 Jahre an. In dieser Zeit nimmt er keine Ein- und Auszahlungen vor. (4 P)

a) Berechne sein Kapital nach 6 Jahren.

Tim hat 806,40 € auf einem Sparkonto mit einem festen Jahreszinssatz von 0,8 %. Im letzten Jahr hat er keine Ein- und Auszahlungen vorgenommen.

b) Berechne sein Kapital vor einem Jahr.

© Westermann GmbH

2. In der Tabelle sind Wachstumsprozesse genannt. (5 P)

a) Kreuze das zutreffende Wachstum an.

Wachstumsprozess	lineares Wachstum	quadratisches Wachstum	exponentielles Wachstum
Erhöhung des Kapitals mit Zinseszins → Kapital nach n Jahren			
Vergrößerung der Kraftstoffmenge → Kosten des Kraftstoffes			
Vergrößerung der Seitenlänge eines Quadrates → Flächeninhalt des Quadrates			

b) Peter behauptet: „Die Körpergröße eines Kindes im Alter von 10 bis 18 Jahren wächst linear."

Entscheide, ob seine Behauptung richtig ist. Begründe deine Entscheidung.

3. In dem Koordinatensystem sind die Graphen A, B, C und D verschiedener Funktionen dargestellt. Ordne jedem Graphen die richtige Funktionsgleichung zu. (2 P)

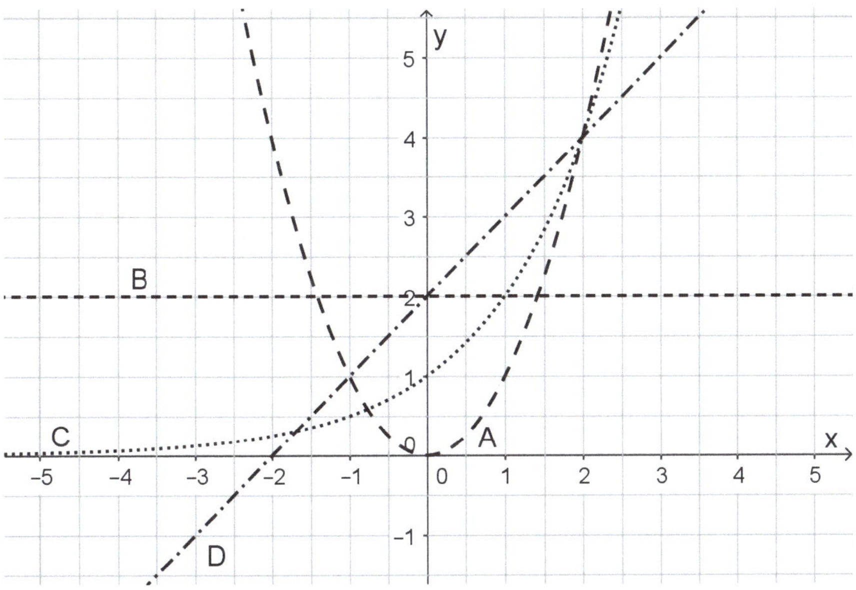

Funktionsgleichung	Graph
$y = x + 2$	
$y = x$	
$y = 2x$	
$y = 2$	
$y = x^2$	
$y = 2^x$	

4. Eine Parabel hat die Funktionsgleichung $y = x^2 - 2x - 3$. (8 P)

a) Zeichne die Parabel in ein Koordinatensystem.

b) Berechne die Nullstellen der Parabel.

c) Überprüfe mit einer Rechnung, ob der Punkt P (5 | 12) auf der Parabel liegt.

© Westermann GmbH

5. Ein Turm wirft zur Mittagszeit einen 36 m lange Schatten. Eine 1,76 m große Frau wirft zur gleichen Zeit einen 1 m langen Schatten. (5 P)

a) Ergänze in der Skizze die fehlenden Maße.

b) Berechne die Höhe des Turmes.

Der Sonneneinfallswinkel α beträgt zur Mittagszeit im Winter 16° und im Sommer 61°.

Beate behauptet: „Dann ist in der Skizze gerade Sommer."

c) Zeige mithilfe einer Rechnung, dass Beate recht hat.

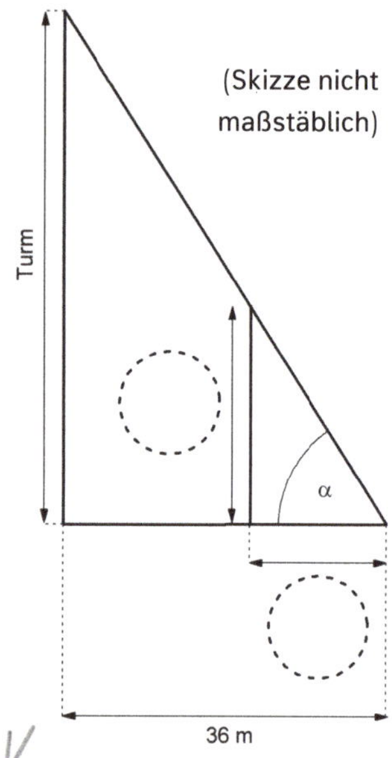

6. Paul näht ein Zelt aus Stoff. Es hat die Form einer quadratischen Pyramide. (6 P)

a) Berechne die Länge der Höhe h_a einer Seitenfläche des Zeltes.

b) Berechne die Mantelfläche M des Zeltes.
(Solltest du Teilaufgabe a) nicht gelöst haben, rechne mit $h_a = 1{,}83$ m weiter.)

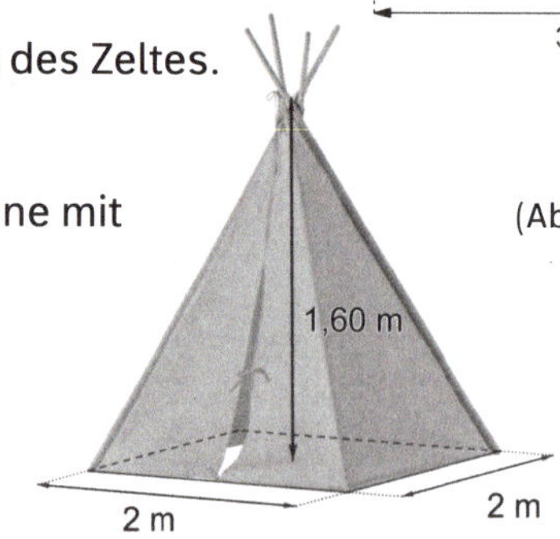

(Abbildung nicht maßstäblich)

Paul möchte alle Seitenflächen des Zeltes aus einem rechteckigen Stück Stoff schneiden. Der Stoff ist 4,20 m lang und 1,90 m breit.

c) Begründe mithilfe einer maßstabsgerechten Zeichnung, ob das Stück Stoff für alle Seitenflächen des Zeltes ausreicht.

7. Bei einem Glücksspiel werden drei Münzen geworfen. Jede Münze hat die Seiten K und Z. In der Tabelle sind mögliche „Ereignisse" dargestellt. (6 P)

a) Ergänze das fehlende Ereignis in der Tabelle.

Münze 1	Münze 2	Münze 3
K	K	K
K	K	Z
K	Z	K
K	Z	Z
Z	K	K
Z	K	Z
Z	Z	K

b) Gib die Wahrscheinlichkeit für das Ereignis „KKK" an.

Du gewinnst, wenn „zwei der drei Münzen K" zeigen.

c) Bestimme die Wahrscheinlichkeit für dieses Ereignis.

Die Wahrscheinlichkeit für einen Gewinn soll 50 % betragen.

d) Gib ein passendes Ereignis an.

Die Wahrscheinlichkeit für einen Gewinn soll 60 % betragen.

e) Begründe, dass dies nicht möglich ist.

© Westermann GmbH

Wahlteil 2020

(40 Punkte)

Von den vier Wahlaufgaben sind zwei zu bearbeiten.

Wahlaufgabe 1

(10 P)

Die Skizze enthält ein Dreieck ABC.

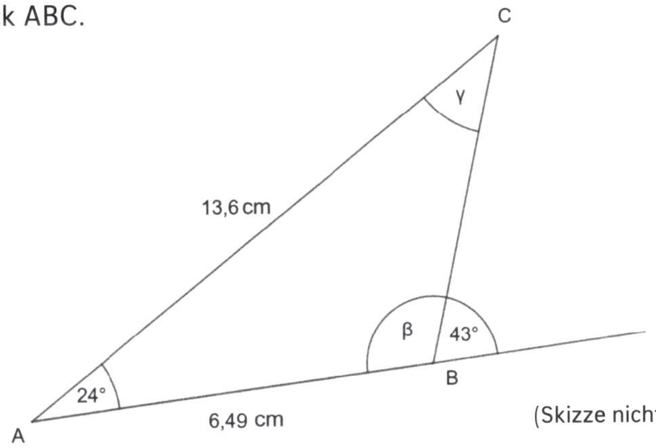

(Skizze nicht maßstäblich)

a) Bestimme die Größe der Winkel β und γ.

b) Berechne die Länge der Strecke $\overline{BC}$.

In einem zweiten Dreieck ABC sind folgende Größen bekannt: $\overline{AB} = 6{,}49$ cm, $\overline{AC} = 13{,}6$ cm, $\alpha = 29°$

c) Berechne die Länge der Strecke $\overline{BC}$.

In einem dritten Dreieck ABC sind folgende Größen bekannt: $\overline{AC} = 13{,}6$ cm, $\overline{BC} = 8{,}5$ cm, $\alpha = 24°$
Justus berechnet die Größe des Winkels $\beta = 40{,}6°$.

d) Zeige mithilfe einer Skizze, dass es zwei Ergebnisse für die Größe des Winkels β gibt.

Wahlaufgabe 2

(10 P)

Das Foto zeigt eine Eisverpackung.

In der Skizze ist die Grundfläche der Eisverpackung abgebildet.

a) Ergänze in der Skizze die fehlenden Maße.

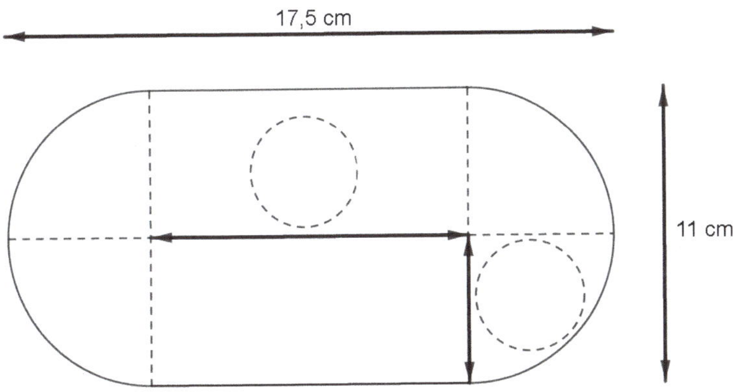

(Skizze nicht maßstäblich)

b) Berechne die Grundfläche G der Eisverpackung.

Die Eisverpackung ist 7 cm hoch.

c) Berechne das Volumen V der Eisverpackung.
(Solltest du Teilaufgabe b) nicht gelöst haben, rechne mit $G = 160\ cm^2$ weiter.)

© Westermann GmbH

Aus 1 Liter Eis werden Eiskugeln mit dem Radius von 2 cm geformt.

d) Berechne die maximale Anzahl der geformten Eiskugeln.

Der Radius einer Eiskugel wird auf 90 % verringert.

e) Erkläre mithilfe der folgenden Formel, dass das Volumen dieser Eiskugel auf 72,9 % verringert wird.

$V = \frac{4}{3}\pi\,(0{,}9r)^3$

Wahlaufgabe 3

(10 P)

Eine Ferienwohnung kostet pro Tag 75 €. Die Endreinigung kostet 50 €.

a) Bestimme die Kosten der Ferienwohnung für 7 Tage.

b) Stelle eine Funktionsgleichung in der Form y = mx + b auf, mit der die Kosten der Ferienwohnung für x Tage berechnet werden können.

Die Kosten für zwei andere Ferienwohnungen werden durch das folgende Gleichungssystem dargestellt.

$$\left| \begin{array}{ll} \text{II} & y = 64x + 35 \\ \text{II} & y = 59x + 80 \end{array} \right|$$

c) Löse das Gleichungssystem.

d) Gib an, für wie viele Tage welche Ferienwohnung aus c) günstiger ist.

e) Ergänze das folgende Gleichungssystem, so dass es keine Lösung gibt.

$$\left| \begin{array}{ll} \text{II} & y = 50x + \_\_\_\_\_ \\ \text{II} & y = \_\_\_\_\_\,x + 75 \end{array} \right|$$

© Westermann GmbH

Wahlaufgabe 4

(10 P)

In einer Urne befinden sich 8 weiße (w) und 2 schwarze (s) Kugeln.

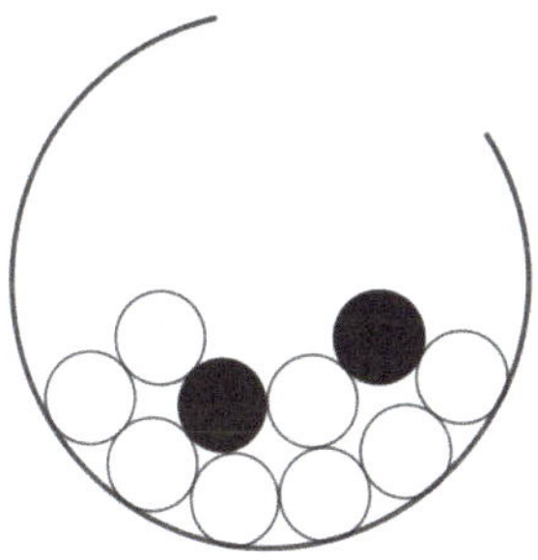

a) Bestimme die Wahrscheinlichkeit für das Ziehen einer weißen Kugel in Prozent.

Es werden nacheinander zwei Kugeln gezogen. Die erste Kugel wird sofort wieder zurückgelegt.

b) Zeichne ein Baumdiagramm mit allen Wahrscheinlichkeiten an den Pfaden. Verwende Brüche.

c) Berechne die Wahrscheinlichkeit, dass zwei schwarze Kugeln gezogen werden.

Es werden wieder zwei Kugeln gezogen. Die erste Kugel wird jetzt nicht in die Urne zurückgelegt.

d) Berechne die Wahrscheinlichkeit, dass jetzt zwei schwarze Kugeln gezogen werden.

Es werden nacheinander drei Kugeln ohne Zurücklegen aus der Urne gezogen.

e) Berechne die Wahrscheinlichkeit, dass die dritte Kugel schwarz ist.

© Westermann GmbH

Wir arbeiten sehr sorgfältig daran, für alle verwendeten Abbildungen die Rechteinhaberinnen und Rechteinhaber zu ermitteln. Sollte uns dies im Einzelfall nicht vollständig gelungen sein, werden berechtigte Ansprüche selbstverständlich im Rahmen der üblichen Vereinbarungen abgegolten.

Abschlussprüfung Niedersachsen Realschulabschluss 2019

Bearbeitungszeit für die gesamte Prüfung 150 min

Hauptteil 1 2019 (28 Punkte)

Die Aufgaben im Hauptteil 1 sind ohne Hilfsmittel und auf den Aufgabenblättern zu lösen.

1. Berechne. (4 P)

a) $240 - 65 =$ b) $10{,}5 + 0{,}95 =$ c) $12 \cdot (-6) =$ d) $\frac{5}{8} : 2 =$

2. Berechne. (2 P)

$95 + 5 \cdot (20 - 5)$

3. Gegeben ist der Term $2x + 3y + 4x - 5y$. (2 P)

a) Fasse den Term so weit wie möglich zusammen. ______________________

b) Berechne den Wert des Terms für $x = 2$ und $y = -1$. ______________________

4. Löse die Gleichung.: $2x + 5 = -4x + 17$

5. Abgebildet sind die ersten drei Figuren eines Musters. (3 P)

Figur 1 Figur 2 Figur 3

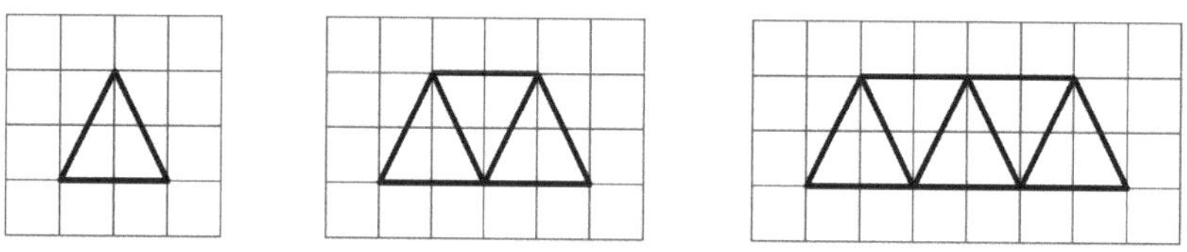

a) Zeichne die Figur 4 des Musters.

Figur 4

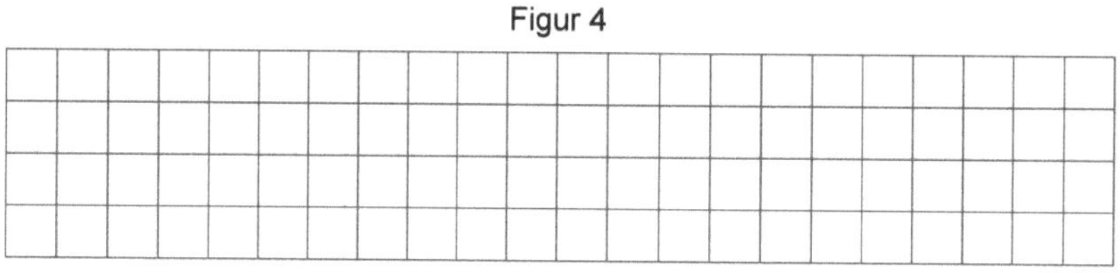

b) Gib die Anzahl der Dreiecke in der Figur 10 des Musters an.

Die Figur 10 besteht aus __________ Dreiecken.

Die Anzahl der Dreiecke einer beliebigen Figur x des Musters soll bestimmt werden.

c) Stelle einen allgemeinen Term in Abhängigkeit von x auf.

Quelle (Aufgaben): Niedersächsisches Kultusministerium, Hannover 2019

© Westermann GmbH

6. Ein Quadrat hat einen Umfang von 14 cm. (3 P)

a) Zeichne das Quadrat.

b) Kreuze die richtige Aussage an.

Wenn sich der Umfang des Quadrates verdoppelt, dann ...

- ○ verdoppelt sich der Flächeninhalt des Quadrates.
- ○ vervierfacht sich der Flächeninhalt des Quadrates.
- ○ verachtfacht sich der Flächeninhalt des Quadrates.

7. Gib die Größe der Winkel α und β an. (2 P)

α = ________ °

β = ________ °

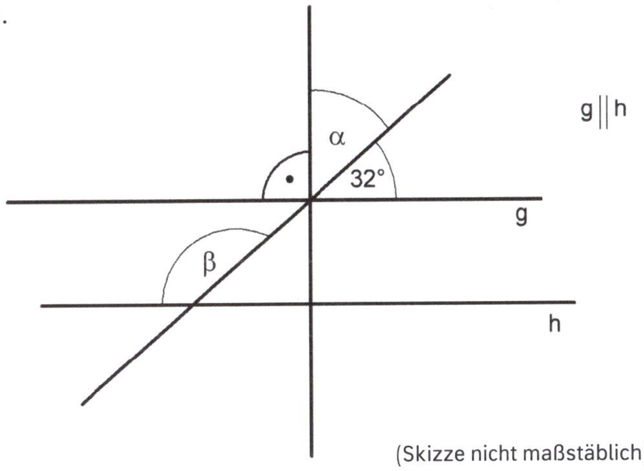

(Skizze nicht maßstäblich)

8. Für einen Ausflug mieten 6 Personen einen Kleinbus zu einem Festpreis. Jeder muss 20 € bezahlen. Kurzfristig fahren 2 Personen mehr mit. (2 P)

Berechne, wie viel jede Person jetzt bezahlen muss.

Jede Person muss jetzt __________ € bezahlen.

9. Am Sportfest nahmen 400 Kinder teil. 80 Kinder erhielten eine Ehrenurkunde. (2 P)

Berechne den prozentualen Anteil der Kinder, die eine Ehrenurkunde erhielten.

Eine Ehrenurkunde erhielten __________ % der Kinder.

10. Abgebildet ist ein Glücksrad. (2 P)

a) Färbe auf dem Glücksrad so viele Felder grau, dass die Wahrscheinlichkeit für „grau“ $\frac{1}{4}$ beträgt.

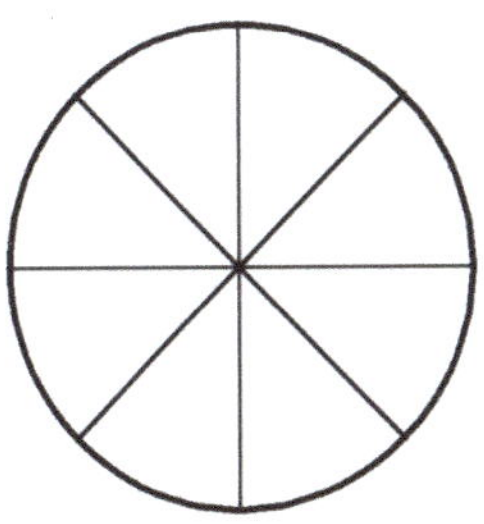

Sabine möchte auf dem Glücksrad noch weitere Felder grau färben, so dass die Wahrscheinlichkeit für „grau“ $\frac{1}{3}$ beträgt.

b) Begründe, dass Sabine das bei einem Glücksrad mit 8 Feldern nicht kann.

____

____

____

© Westermann GmbH

11. An einem Tag wurde stündlich die Niederschlagsmenge und die Temperatur gemessen. (4 P)

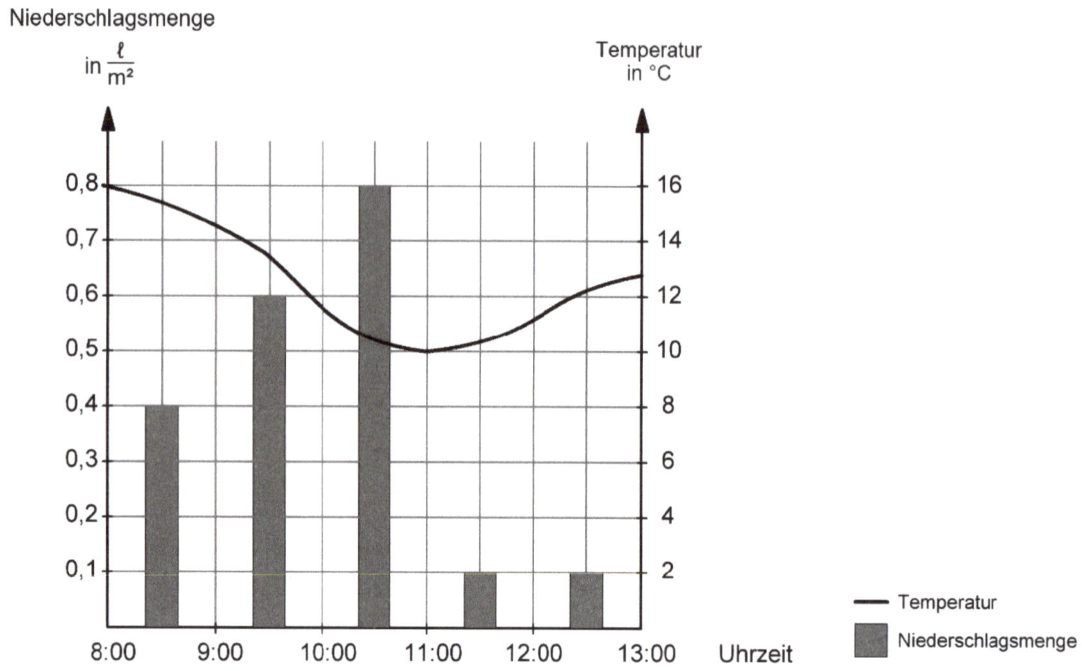

a) Gib an, zu welcher Uhrzeit die tiefste Temperatur gemessen wurde.

Die tiefste Temperatur wurde um ___________ Uhr gemessen.

b) Berechne die durchschnittliche Niederschlagsmenge in dem dargestellten Zeitraum.

Die durchschnittliche Niederschlagsmenge beträgt ________ $\frac{\ell}{m^2}$.

c) Begründe, dass die Temperaturen als Kurve dargestellt werden dürfen.

____

____

Hauptteil 2 2019

(36 Punkte)

Runde Endergebnisse auf 2 Stellen hinter dem Komma.
Schreibe deine Lösungswege ausführlich auf. Du darfst auch Hilfsmittel (Taschenrechner, Parabel-Schablone, Formelsammlung) benutzen.

1. Ein Fahrradhändler macht das nebenstehende Angebot. (4 P)

a) Berechne den neuen Preis des Fahrrades.

Auf alle bereits reduzierten Fahrräder gibt es noch einmal 15 % Preisnachlass. Leon behauptet: „Dann kann ich doch gleich 35 % abziehen".

b) Entscheide, ob Leon recht hat. Begründe deine Entscheidung.

© Westermann GmbH

2. In einer Urne sind 2 grüne und 8 rote Kugeln. Marcel zieht zwei Kugeln, ohne sie zurückzulegen. (6 P)

a) Ergänze im folgenden Baumdiagramm die fehlenden Wahrscheinlichkeiten. Verwende Brüche.

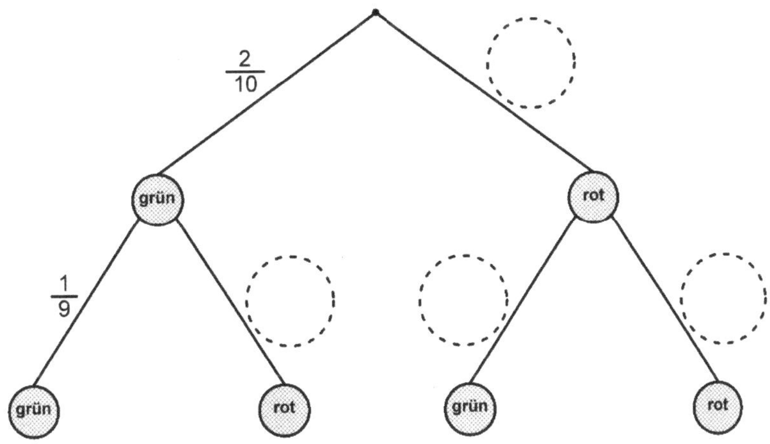

b) Berechne die Wahrscheinlichkeit, dass Marcel zwei grüne Kugeln zieht.

c) Berechne die Wahrscheinlichkeit, dass Marcel höchstens eine grüne Kugel zieht.

3. Ein Glas enthält Tee mit einer Temperatur von 90 °C. (5 P)

a) Die Temperatur des Tees nimmt pro Minute um 8 % ab.
Berechne die Temperatur des Tees nach 10 min.

Im Kühlschrank hat der 90 °C heiße Tee nach 5 min eine Temperatur von 45 °C.

b) Berechne die prozentuale Temperaturabnahme des Tees pro Minute.

4. Bei einem Schulfest werden Saft und Wasser verkauft. Annette bezahlt für 1 Glas Saft und 4 Gläser Wasser 13 €. Sandra bezahlt für 4 Gläser Saft und 2 Gläser Wasser 17 €. (5 P)

a) Stelle ein lineares Gleichungssystem auf, mit dem du den Preis für ein Glas Saft und den Preis für ein Glas Wasser berechnen kannst.

b) Löse das Gleichungssystem und gib den Preis für ein Glas Saft und den Preis für ein Glas Wasser an.

(Solltest du Teilaufgabe a) nicht gelöst haben, rechne mit $\left|\begin{array}{ll} \text{I} & 4x + y = 12 \\ \text{II} & 2x + 4y = 13 \end{array}\right|$ weiter.

Dabei ist x der Preis für ein Glas Saft und y der Preis für ein Glas Wasser.)

© Westermann GmbH

5. Gegeben ist die quadratische Gleichung $x^2 - 6x + 5 = 0$. (4 P)

a) Löse die Gleichung.

b) Gib den Zusammenhang zwischen den Lösungen der Gleichung und dem Graphen der Funktion $y = x^2 - 6x + 5$ an.

6. Ein Rollstuhlfahrer muss eine 20 cm hohe Stufe überwinden. Dazu wird eine Rampe mit einem Steigungswinkel von 5° angelegt. (6 P)

a) Berechne die Länge x der Rampe.

Aus Sicherheitsgründen darf die Steigung der Rampe höchstens 6 % betragen.

b) Überprüfe mit einer Rechnung, ob die Rampe lang genug ist.

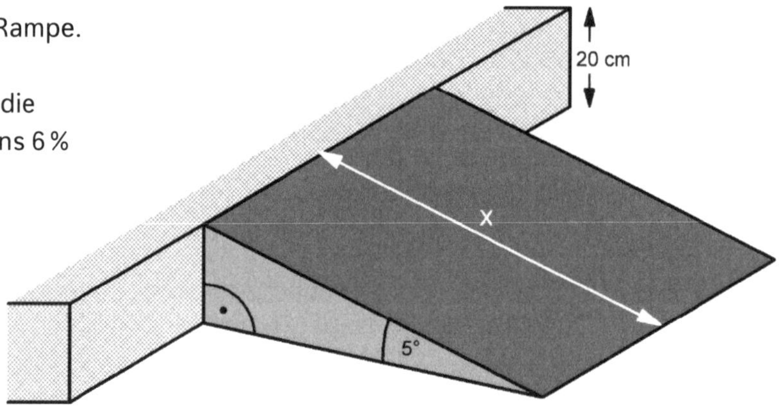

(Skizze nicht maßstäblich)

7. Ein Oktaeder besteht aus zwei quadratischen Pyramiden. Alle Kanten haben eine Länge von a = 4 cm. (6 P)

a) Berechne die Höhe h_a einer Seitenfläche.

b) Berechne die Oberfläche des Oktaeders.

(Solltest du Teilaufgabe a) nicht gelöst haben, rechne mit $h_a = 3{,}52$ cm weiter.)

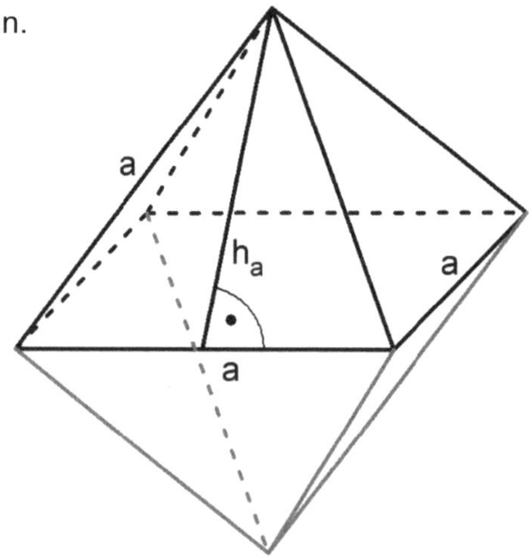

(Skizze nicht maßstäblich)

© Westermann GmbH

Wahlteil 2019

(40 Punkte)

Von den vier Wahlaufgaben sind zwei zu bearbeiten.

Wahlaufgabe 1

(10 P)

Justin steht auf dem Leuchtturm. Er misst zwischen dem Hafen und einem Schiff den Winkel $\beta_1 = 44°$.

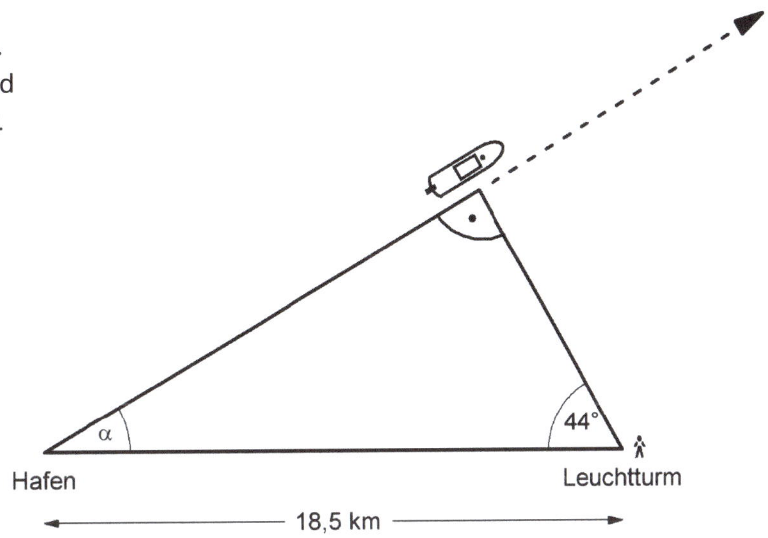

(Skizze nicht maßstäblich)

a) Berechne den Winkel α

b) Berechne die Länge der Strecke vom Leuchtturm zum Schiff.

Das Schiff fährt auf geradem Kurs weiter. Justin misst den Winkel zwischen dem Hafen und der neuen Position des Schiffes. Der Winkel beträgt jetzt $\beta_2 = 78°$.

c) Skizziere in die Grafik die Strecke vom Leuchtturm zur neuen Position des Schiffes.

d) Berechne die neue Länge der Strecke vom Leuchtturm zum Schiff.

e) Stelle eine allgemeine Formel für die Berechnung der Länge der Strecke x vom Leuchtturm zum Schiff in Abhängigkeit vom Winkel β auf.

Wahlaufgabe 2

(10 P)

Eine Sanduhr besteht aus zwei annähernd kegelförmigen Glasgefäßen. Die Sanduhr ist insgesamt 24 cm hoch und hat oben und unten einen Durchmesser von 9 cm.
Zu Beginn ist der obere Teil 8 cm hoch mit Sand gefüllt.

a) Ergänze in der nebenstehenden Abbildung die fehlenden Maße.

b) Berechne den Radius r_s des Sandkegels.

c) Berechne das Volumen des Sandkegels.
(Solltest du Teilaufgabe b) nicht gelöst haben, rechne mit $r_s = 4$ cm weiter.)

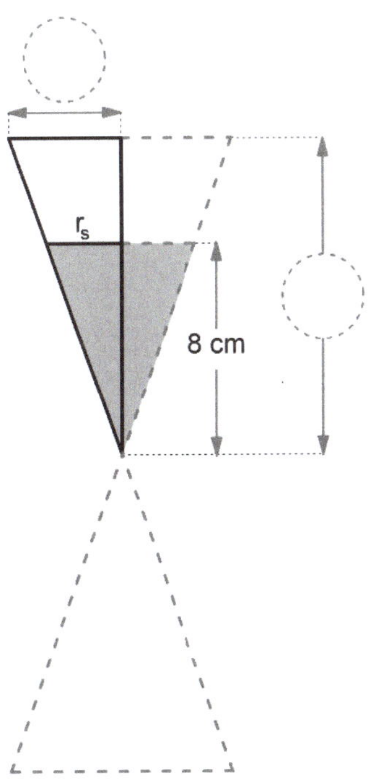

(Skizze nicht maßstäblich)

© Westermann GmbH

Sobald die Sanduhr läuft, entsteht unten ein weiterer Sandkegel.
Zu einem bestimmten Zeitpunkt sind die Grundflächen des Sand- und des Glaskegels gleich groß. Der Winkel zwischen dem Radius r der Grundfläche und der Seitenlinie s des Sandkegels beträgt 30°.

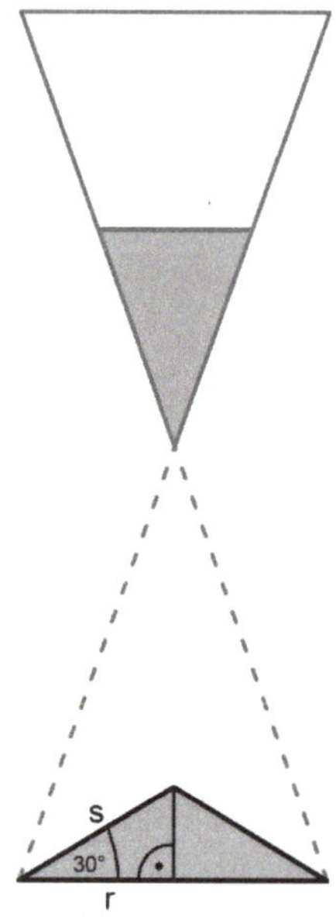

d) Berechne die Höhe des Sandkegels zu diesem Zeitpunkt.

Bei einem anderen Sandkegel ist der Winkel zwischen dem Radius der Grundfläche und der Seitenlinie immer gleich groß.
Lisa behauptet: „Verdoppelt sich der Radius des Sandkegels, dann ist der Sandkegel auch doppelt so hoch.“

e) Hat Lisa recht? Begründe deine Aussage.

(Skizze nicht maßstäblich)

Wahlaufgabe 3

(10 P)

Der Computervirus *Minlock* verbreitet sich sehr schnell.
Alle 2 Tage wächst die Anzahl der infizierten Computer um 40 %.
Zurzeit sind 10 000 Computer infiziert.

a) Vervollständige die Tabelle.

Anzahl Tage x	0	2	4	6	8	10
Anzahl infizierte Computer y	10 000					53 782

b) Zeichne den Graphen in ein Koordinatensystem.
(Wähle bei der x-Achse 1 cm für 2 Tage und bei der y-Achse 1 cm für 10 000 Computer.)

c) Ermittle, nach wie vielen ganzen Tagen 45 000 Computer infiziert sind.

d) Berechne die Anzahl der infizierten Computer 4 Tage vor Beobachtungsbeginn.
Runde dein Ergebnis sinnvoll.

© Westermann GmbH

Die Anzahl der infizierten Computer soll nicht für alle zwei Tage, sondern jeden Tag berechnet werden.

e) Entscheide, welche der beiden Funktionsgleichungen das tägliche Wachstum des Computervirus beschreibt. Begründe deine Entscheidung.

$$y_1 = 10000 \cdot 1{,}4^{\frac{x}{2}} \qquad y_2 = 10000 \cdot \left(\frac{1{,}4}{2}\right)^x$$

Wahlaufgabe 4

(10 P)

Ein Torbogen hat annähernd die Form einer Parabel mit der Gleichung $y = -0{,}75x^2 + 5{,}25$.

a) Vervollständige die Tabelle.

Breite x (in m)	−3	−2	−1	0	1	2	3
Höhe y (in m)	−1,5		4,5				−1,5

b) Zeichne den Graphen in ein Koordinatensystem. (Wähle bei den Achsen jeweils 1 cm für 1 m.)

Der Torbogen hat eine Höhe von 5,25 m.

c) Begründe, dass nur ein Teil des Graphen der Funktion $y = -0{,}75x^2 + 5{,}25$ den Torbogen abbildet.

Ein Lkw muss durch den Torbogen fahren. Der Lkw hat eine Höhe von 4 m und eine Breite von 2,50 m.

d) Skizziere den Lkw mit den angegebenen Maßen in deine Zeichnung.

e) Entscheide mithilfe einer Rechnung, ob der Lkw durch den Torbogen passt.

© Westermann GmbH

Wir arbeiten sehr sorgfältig daran, für alle verwendeten Abbildungen die Rechteinhaberinnen und Rechteinhaber zu ermitteln. Sollte uns dies im Einzelfall nicht vollständig gelungen sein, werden berechtigte Ansprüche selbstverständlich im Rahmen der üblichen Vereinbarungen abgegolten.

Stichwortverzeichnis